袁越 著

生命八卦

那些关于健康的忠告

生活·讀書·新知 三联书店

图书在版编目（CIP）数据

生命八卦. 那些关于健康的忠告／袁越著. —北京：
生活·读书·新知三联书店，2021.6
（三联生活周刊·中读文丛）
ISBN 978-7-108-07132-3

Ⅰ．①生…　Ⅱ．①袁…　Ⅲ．①生命科学－普及读物
Ⅳ．① Q1-0

中国版本图书馆 CIP 数据核字（2021）第 055938 号

责任编辑　赵庆丰
装帧设计　康　健
责任印制　张雅丽
出版发行　**生活·讀書·新知** 三联书店
　　　　　（北京市东城区美术馆东街 22 号 100010）
网　　址　www.sdxjpc.com
经　　销　新华书店
印　　刷　北京隆昌伟业印刷有限公司
版　　次　2021 年 6 月北京第 1 版
　　　　　2021 年 6 月北京第 1 次印刷
开　　本　850 毫米×1168 毫米　1/32　印张 9.75
字　　数　186 千字
印　　数　0,001－5,000 册
定　　价　49.00 元

（印装查询：01064002715；邮购查询：01084010542）

目 录

1

辑 一

健康的忠告

I

兔唇、叶酸和那些关于健康的忠告

据说，王菲和李亚鹏不幸生了一个兔唇
的孩子。几乎与此同时，一只大熊猫不
幸生了一只兔唇小熊猫，于是中国公众
开始关心起兔唇的问题来。

兔唇在中国的发病率大约只有 1/700，但如果乘以中国巨大的人口基数，其结果就是一个很可怕的数字。关于如何预防兔唇，媒体上出现了各式各样的说法，孕妇抽烟、酗酒、过量照射 X 线、病毒感染、营养不良等等因素都被认为是兔唇的罪魁祸首。不过这些都属于公认的坏毛病，暂且不去说它们。

不少专家认为多服叶酸有助于减少兔唇的发病率，但也有专家认为两者没有关联，我们应该听谁的呢？我们每天都会在报纸上看到无数关于健康的忠告，尤其是饮食和营养方面，每天都会出现几个新的"专家建议"。它们到底有没有根据？读者应该如何去看待这些"健康小贴士"？兔唇和叶酸的关系问题正好为我们提供了一个研究范本。

叶酸的故事

叶酸（Folic Acid）是维生素 B 的一种，常见于绿叶蔬菜中。不过叶酸耐受不了高温，因此只有生吃才最有效。不喜欢吃生菜的话还可以吃粗粮，豆类和部分肉类中也含有相当多的叶酸。叶酸的作用最初是被一个叫露西·维尔斯（Lucy Wills）的英国医生首先确定的。上世纪30年代，她去印度孟买行医，发现当地孕妇得贫血症的人很多，患者血液中的红血球体积不断增大，数量却在减少。当地民间流传着一种偏方可以治疗这种贫血症，其主要成分是一种发酵副产品。维尔斯从这种发酵提取物中分离出各种成分，挨个儿尝试，终于证明其中富含的维生素B是真正起作用的成分。

1941年，一个美国科学家从菠菜叶子里提纯了叶酸，并搞清了它的分子式。1946年科学家又成功地用人工合成的办法制造出了叶酸，并开始研究它的作用机理。研究结果令科学家大吃一惊，原来这种不起眼的小分子竟然是DNA复制过程必需的一种辅酶，没有它，DNA复制就不能进行，细胞便无法分裂。可是细胞中蛋白质的合成却不受影响，于是红血球中的蛋白质便越积越多，体积自然也就越来越大，但数量却不见增长，这就是贫血症的病因。正在发育的胎儿每天都要进行大量的细胞分裂，需要很多叶酸，孕妇体内的叶酸被大量征用，结果便造成了自身的贫血。

好了，叶酸的故事可以告一段落了。这个故事代表着生命科学研究的理想状态，因为贫血症在穷人孕妇中的发病率很高（大约25%），使得医生们可以很方便地找到试验对象，通过试验证实叶酸的好处。叶酸的作用机理搞清楚之后，医生们更可以理直气壮地下结论了，他们可以用非常肯定的语气建议贫血的孕妇：多吃点生菜就好了。

可惜的是，生命科学并不是那么简单，营养学尤其如此。同样一个叶酸，当它出现在其他领域后就开始有麻烦了。

脊柱裂的故事

脊柱裂（Spina Bifida）是另一类比较常见的婴儿先天畸形，发病率约 1/1000。发病婴儿腰部会出现一个鼓包，并伴有分泌物或者感染。脊柱裂属于"神经管缺陷"（Neural Tube Defects）的一种，具体说就是发育过程中脊柱闭合出了问题。患儿神经系统发育不全，长大后非常痛苦。最早把脊柱裂和叶酸联系在一起的是一名产科医生，他在上世纪60年代发现医院里出生的患有脊柱裂的孩子其母亲多半得了贫血症，于是便做出了一个大胆的猜测：脊柱裂与孕妇缺乏叶酸有关。后来又有人发现有癫痫病史的孕妇生出脊柱裂孩子的比例很高，而治疗癫痫病的药物正是专门和叶酸作对的拮抗剂。

好了，猜想有了，如何证明呢？人不是实验动物，不能用剥夺叶酸的办法考察它的作用。但可以反过来，用补充叶酸的办法来测量脊柱裂发病率是否下降。但是，脊柱裂发病率很低，要想获得 1000 个病历，就得观察 100 万名孕妇，工作量实在是太大了。于是，很多相关试验都因为病人数量不足而不可信。

有趣的是，脊柱裂的某些特征反过来帮了科学家的忙。统计结果表明，脊柱裂有一定的遗传性，如果一个母亲生出过一个脊柱裂小孩，那么她下一个孩子患有脊柱裂的可能性立刻飙升至3%。这是一个足够高的数字，试验起来方便多了。1983年，英国科学家进行了一项大规模试验，让一组生过脊柱裂孩子的母亲每天服用4毫克叶酸，对照组不服用人工叶酸，只吃普通的饭菜。结果他们惊讶地发现，服用叶酸的妇女第二个孩子患有脊柱裂的比例下降到只有1%，也就是说，叶酸能够把脊柱裂的发病率降低70%左右。这个结果实在是太显著了，出于人道主义考虑，医生们于1991年终止了这项试验，并把试验结果写成论文发表在著名的《柳叶刀》杂志上。美国疾病防控中心（CDC）的科学家看到论文后建议美国食品与药品管理局（FDA）向全国孕妇提出倡议，号召她们服用含有叶酸的维生素药片。

这个故事代表了生命科学领域最常见的情况，那就是在没有搞清作用机理的情况下，通过大量的试验，找出规律，提出合理化建议。

叶酸添加剂难题

上面说的英国试验有一个重要的前提，那就是孕妇必须在怀孕前一个月就开始服用叶酸，并一直坚持到怀孕三个月之后，这样才有效果。孕妇知道自己怀孕了再补吃叶酸是没用的，因为脊柱裂发生在受精 30 天的时候，如果那时脊柱没有完全闭合，后来再怎么补救也都无济于事。可是，相当多的孕妇在怀孕 30 天的时候还根本不知道自己已经怀孕了呢，必须想办法让她们在怀孕之前就开始吃。不过，这样做难度很大，一来很多怀孕都属于意外事故，没法预测；二来很多妇女经济不宽裕，动员她们每天服用维生素药片，只是为了减少一种发病率只有 1/1000 的病，并不是一件容易的事情。

于是，CDC 的科学家提议在人们每天都要吃的食品里面人工添加叶酸。类似这样的所谓"强化食品"早就有过先例，上世纪 20 年代美国就在食盐中加碘预防大脖子病，后来又相继出台过维生素 D（预防软骨病）和氟（预防蛀牙）等的强化食品，都取得了不错的效果。可叶酸的问题并不那么简单，有科学家认为老年人被迫服用大量叶酸会掩盖因缺乏维生素 B_{12} 而造成的另一种贫血症。

更重要的是，科学家对英国试验仍然有不同的看法，他们认为在脊柱裂高发人群中做的试验不一定具有普适性。就在此时，另一种声音冒了出来。一批崇尚自然食品的活动家到处游说，暗示这是生产维生素药片的厂商的一次阴谋。政治一旦介入了本来应该属于纯科学的领域，事情立刻就变得复杂起来。那段时间各种组织和专家纷纷发表意见，说什么的都有。人权组织出于保护穷人的目的，极力主张FDA尽快通过叶酸强化法律，但FDA顶住压力，坚持要等到更多的数据出来之后再做决定。

1992年8月，FDA得到了两项还未发表的试验结果。这两个大规模试验分别在匈牙利和美国进行，两者均以普通人群为试验对象（而不是已经生过一个脊柱裂婴儿的母亲）。两项试验均表明，普通妇女如果在怀孕前后每天服用0.4毫克（美国试验）或者0.8毫克（匈牙利试验）的叶酸药片，其婴儿的脊柱裂发病率就会有显著的降低。

这两项试验为叶酸的支持者打了两针强心剂。但是，FDA仍然没有松口。他们一面继续关注在其他国家进行的叶酸临床试验，一面组织医生对老人服用叶酸的安全性问题进行评估。后续研究证明叶酸对B_{12}的掩盖问题并没有当初想象的那样严重，而且也有更多的数据支持叶酸与脊柱裂之间的对应关系。有了过硬的试验支持，FDA这才终于在1996年出台了新法律，在早餐麦片等美国人常吃的食品中强制添加叶酸。即便如此，FDA仍然建议叶酸制造商在宣传措辞上谨慎一些，把"叶酸能够防止脊柱裂"改成"叶酸能够降低脊柱裂的发生概率"。

FDA在叶酸问题上的谨慎态度曾经招致了一些激进分子的不满，但这毕竟关系到整个民族的身体健康，FDA的谨慎态度也许是很有必要的。我国和许多欧洲国家目前都还没有强制在食品中添加叶酸，但医生们一直在建议适龄少妇每天服用 0.4 毫克叶酸，以降低脊柱裂的发病率。来自美国的数据表明，强制添加叶酸后美国的神经管缺陷发病率下降了 25%，看来叶酸起作用了。

兔唇的故事

兔唇和叶酸之间的联系最初也是来自医生们的猜测。他们发现兔唇在癫痫病人群体中的发病率较高，和脊柱裂的情况非常相似。另外，兔唇也是由于人体中轴线部位的器官没有发育好，这一点也和脊柱裂相似。于是医生们猜测叶酸很可能像在脊柱裂中表现的那样，能够降低兔唇的发病率。

但是，证明上述假说的过程遇到了和脊柱裂一样的困难，因此这个问题至今仍存在大量争议。和脊柱裂的例子一样，兔唇也具有一定的遗传性，但其发病机理一直没能完全搞清，因此只能依靠大规模临床试验才能给出答案。不过，关于叶酸与兔唇关系的试验对科学家来说意义并不大，因为叶酸添加剂已经被证明有效，科学家没有必要去说服公众。如果你是一个适龄妇女，还是听从专家的建议，每天服用0.4 毫克的叶酸吧。不管这样做是否可以降低兔唇的发病率，但肯定能降低神经管疾病的发病率，这就足够了。

那么，王菲是否缺乏叶酸？是否在怀孕时抽烟喝酒了？是否带有兔唇基因？是否服用了治疗癫痫的药物？我们完全无法知晓，因为这只是一个概率问题。千万别以为你服用了叶酸就能避免生出兔唇孩子，你只是降低了可能性。科学，尤其是生命科学领域，很多事情并不是绝对的，因为决定一个生命事件的因素很多，在没有搞清机理的情况下，大部分结论，或者说那些健康小贴士，都不是绝对的。

（2006.9.11）

钢铁是怎样炼成的

要不了几年，猛男也会像美女一样
"人造"。

人类的审美是很实用的。比如，判定美女的标准说白了
就是脂肪分布的比例，丰乳肥臀最有利于生养，也最美。同
样，世间大多数美女喜欢肌肉男，因为肌肉代表力量，代表
着捕捉野味的能力。不过，肌肉过多的男人也不美，因为维
持肌肉的健康需要消耗大量能量。一个男人堆积了大量无用
的肌肉，意味着他很可能会匀不出多余的粮食给孩子们吃。

脂肪这玩意儿可塑性强，于是人造美女出现了，并极大
地干扰了男人们的判断力。猛男就不同了。曾经有几个偷懒
的男人想靠贴胸毛的办法装猛男，结果被广大美女同志们一
眼识破，落下了笑柄。国产美女喜欢洋帅哥绝不是因为胸
毛，而是因为他们大都肌肉健壮。肌肉没法人工移植，于
是肌肉男就成为一种很稀罕的宝贝。这一点在中国尤其如
此。以前我们还可以靠营养不良来推脱，可在物质极大丰富
的今天，中国男人的肌肉比例仍然远远落后于欧美国家，这
就不能不说是教育的问题了。中国学校的体育课从来不教男

生们怎样增加肌肉，这实在是一种对学生前途不负责任的表现。无数事实证明，一个男孩的1500米跑成绩远远不如他的肱二头肌的厚度更加容易吸引女孩子，因此美国的中学很早就开设了专门的健美课程，他们的体育教育比我们更加人性化。

因为缺乏相应的教育，大多数中国男人都认为只要多锻炼就能长肌肉。于是经常能看见一个男人走进健身房，依次把每一样器械都练一遍，然后对着镜子摸着自己绷紧的肌肉满意地离去。其实，只要看看那些长年在田间地头劳动的农民叔叔，你就会明白这种做法并不正确。任何一个美国中学生都可以告诉你：健美锻炼必须分着来，每一次只练特定的几块肌肉，因为肌肉只有在休息时才能长大。

合理的饮食同样重要，因为肌肉的生长过程需要消耗大量的蛋白质，因此国际上公认的标准是每公斤体重每天需要3克左右的蛋白质，也就是说，一个70公斤的人每天需要吃进210克蛋白质！当然这个数字指的是每天坚持去健身房的人。一个天天忙着盯版的报社编辑如果这样吃，非得吃成个大胖子不可。

具体每块肌肉的锻炼也很有讲究。现在国际上普遍认为举重效果最好，而且大重量少次数比小重量多次数效果更好。一般健美教练会让你连续做五组举重，每组五次，看你最后是否还能举得起来。最佳的重量就是在五组的最后你一点力气也使不出来了。这样做是有道理的，因为举重训练的目的就是让你的肌纤维产生轻度损伤，只有这样肌肉细胞才能分泌出相应的小分子信号，促使细胞核分泌大量蛋白质用于肌纤维的修补。穷人都知道，带补丁的裤子肯定比新裤子厚重。肌肉表面的补丁会使肌纤维的横切面积越来越大，肌肉男就是这样一点一点修补出来的。

不过，想象力丰富的读者一定会看出一个问题：能不能人工合成那种"小分子信号"呢？当然可以，很多专业健美运动员就是这么做的。这类信号还有一个专有名词，叫激素。可是很多这类激素效果并不专一，过量服用会造成其他副作用，对健康不利，聪明人是不会拿自己的生命开玩笑的。可是，科学的发展永远走在想象力的前面。几年前，美国马里兰州的科学家发现了一种基因，它所编码的蛋白质专门负责控制肌肉的发育，因此取名为"肌肉抑制素"（Myostatin）。这帮科学家在小鼠身上做了一项试验，不同程度地关闭这种基因的表达，产生了不同程度的"猛鼠"。它们除了肌肉发达以外，其他部分与一般小鼠没有区别。科学家们希望通过这种研究能够治疗肌肉萎缩症，再不济也可以用在家禽身上，培育出只长瘦肉的猪。

可就在 2004 年，德国居然出现了一个"超级男孩"，其肌肉发育是普通孩子的好几倍。这个孩子的家庭里出过很多肌肉发达的猛男，因此他的异常完全是遗传的原因。经过研究发现，这个男孩体内的肌肉抑制素水平比同龄孩子低很多，所以他的肌肉才能如此疯长。

照此下去，要不了几年，猛男也会像美女一样在前面加上"人造"的定语。

（2005.7.18）

汽车的味儿

闻不到新车味儿可能吗？日本人在想点子。

不知道当初是哪位大仙把 car 翻译成"汽"车，这个译法绝对是太有远见了，因为汽车的"气味"越来越成为人们瞩目的焦点。

2005 年 10 月 7 日，《日本时报》刊登了一篇报道，说丰田汽车公司开发出一种新型灌木，将大大提高其吸收空气中有害气体的能力。这种灌木是"樱桃鼠尾草"的近亲，丰田公司的科学家给它取了个新名字，叫作"樱桃白兰地石竹"（Kirsch Pink）。据称这种新型灌木吸收有害气体的能力将比"樱桃鼠尾草"高出 1.3 倍，尤其对氧化氮和氧化硫等公认的有害气体最为有效。这些化学物质不但闻起来恶心人，而且它们还能够破坏臭氧层，提高温室效应，是酸雨的罪魁祸首。而汽车，正是这些有害气体的一大来源。

其实，汽车身上的味儿可远不止这些。汽油不但烧完了会产生难闻的有害气体，烧前挥发出来的"汽油味"也是有害的。国际禁毒组织专门把汽油味列为其中一项能够使人上瘾的毒品，因为实验证明过度吸入挥发汽油对人的神经组织和肾脏有害。另外，几年前公布的一份研究结果显示，炼油厂的工人患皮肤癌的可能性比常人要高，这一点很可能与他们经常吸入挥发汽油有关。

和招人嫌的汽车尾气不同的是，汽油味属于有人喜欢、有人讨厌的一种味道。还有一种与汽车有关的味道则不但很多人喜欢，甚至还经常被拿来炫耀，这就是所谓的"新车味儿"。电视广告里经常可以看见主人公坐进新买的车子里，陶醉地做一次深呼吸。他在向观众传达这样一种信息：别看你只花很少的钱买了一辆性价比优异的二手车，可你闻不到新车味儿。

那么，这个"新车味儿"到底是什么呢？原来，从化学角度讲，这种味道来源于"可挥发性有机化合物"，简称 VOC。VOC 主要来自于塑料、胶木、胶水和各种有机涂料，新建成的房子里这种气体的含量很高，因为房屋的建筑材料中很多都能挥发出 VOC。这种味道闻多了会让人头疼，喉咙干涩，甚至恶心，所以有人把这种现象叫作"新屋综合征"。

房子因为是封闭性的，因此 VOC 的浓度格外地高。同理，汽车内的空间更加狭小，因此新车的味儿甚至比新房子的味儿还要厉害。"我们通过分析研究后发现，新车内的 VOC 含量比任何新房子都要高很多。"澳大利亚国家科学与工业研究会研究员史蒂夫·布朗在一次采访中对记者说，"新车的 VOC 含量通常都会超过国家房屋 VOC 标准的好几倍。"

别小看了这种味道，其中含有大量有毒化学成分，不但会让人产生恶心头晕的感觉，而且还会影响神经系统发育，对肝脏和肾脏有较强的毒性，甚至可能致癌。比如两种常见的 VOC 甲醛和苯就早已被证明属于较强的致癌物质，而气溶胶喷射涂料中含有的氯化亚甲基不但可以致癌，而且还会在人体内分解成一氧化氮，而一氧化氮的毒性早已世人皆知。

虽然科学界早就知道 VOC 有毒，世界发达国家也都对新屋的 VOC 含量制定了严格的标准，可 VOC 造成的"新车味儿"却让世界汽车工业迟迟不愿采取措施降低它们的含量。美国市场上甚至还有一种味道很浓的喷射涂料专门是用来让旧车重新"焕发青春"的，因为有人特别喜欢这种味道。可就在不久以前，日本汽车工业终于开始重视这一问题了。日本汽车工业协会决定逐步降低新车内 VOC 的含量，到 2007 年时所有新车将符合日本新的 VOC 含量标准。目前丰田已经有六款车型符合这一标准，尼桑有五款达标，本田和三菱也开始在他们即将在北美推出的新款轿车中采用这一标准。相比之下，美国的汽车工业却迟迟没有动静。

确实，汽车制造大国日本在环保方面走在了前面，他们不但在节能型油电混合车上领先于对手，而且也是世界上最先开始减少"新车味儿"的国家。日本最大的汽车公司丰田甚至有一个生物技术部门,专门研究开发吸收废气能力强的植物。"樱桃白兰地石竹"就是这一部门的最新成果。不过这种神奇植物可不便宜,每株要价 380 日元呢。

日本人的生意头脑实在是让人无话可说。

(2005.10.31)

关节炎与天气

类风湿性关节炎到底与天气有关吗?

很多老年人每到冬天都要去热带避寒,他们相信寒冷阴湿的天气是造成关节疼痛的主要原因。且慢,先别急着买机票。科学家发现,类风湿性关节炎(以下简称关节炎)与天气其实并没有多大的关系。

关于两者之间的关系,不仅咱们国家有这样的说法,国外也有。外国科学家按照实证科学的思路,首先列出了天气变化的几个因素,比如温度、湿度、气压等等,然后在实验室环境下模拟这几个变化,同时观察关节炎病人的反应。最早进行这项研究的是美国关节炎专家约瑟夫·霍兰德,他早在1960年就对12名关节炎病人进行了为期两周的天气实验,结果除了一名病人对天气一点没感觉以外,其余病人都对湿度增加和气压降低有不同程度的感觉,而这正是下雨前的天气状况。他还发现气压与湿度必须同时变化才会有作用。

可是,设计过科学实验的读者一定会看出一个问题:霍兰德实验的样本数量只有 12 个，太少了。科学家们后来又进行过很多类似实验，得出了不同的结论。但所有这些实验的设计都存在这样那样的毛病，因此到目前为止，国际医学界关于这个问题仍然没有一个统一的意见，但大家都认为即使天气变化能够影响关节炎，这种影响也是相当小的。温暖干燥的天气并不能治愈关节炎，也不能降低关节炎的发病率。

2005 年 11 月的《科学美国人》杂志刊登了多伦多大学医学教授罗纳德·李德梅尔的一封答读者问，提出了一个有趣论点。他认为老百姓经常把不相关的两件事情联系起来，一次随机发生的偶然事件只要印象足够深刻，就会让病人相信坏天气总是和关节炎联系在一起。生活中这样的例子有很多，比如麻将桌上就流传着一个经典的说法：坐北朝南，越打越难；坐南朝北，越打越美。如果让你来设计一个实验，验证一下这个说法是否正确，你会怎么做呢？让 N 个人坐南打十圈，再坐北打十圈，然后比较输赢？这个办法好是好，但别忘了这些人也知道这个说法，他们每次换位置的时候肯定已经有了心理暗示，这种暗示会影响到他们的打牌风格。所以，这个实验必须在一间看不出方向的房子里进行，才能得出正确的结论。

让房间看不出方向容易做到，让受试者在很长一段时间里感觉不出天气变化可就难了。所以说，一旦人的心理暗示成为影响实验结果的条件之一，那么这个实验进行起来一定会格外地麻烦。就拿关节炎来说，即使天气没有任何变化，病人的关节痛感也会时隐时现。假如天气让患者心理上产生了微妙的变化，继而影响了痛感呢？这不是没有可能的，就好比说一个人知道自己坐北朝南，因此心浮气躁，大失水准，结果就真的越打越难了。

归根到底，人的心理是这个世界上最复杂的东西，也是最难控制的实验条件之一。一旦涉及心理学，任何问题都会立刻变得琢磨不定了。

说了半天，到底关节炎是怎样产生的呢？事实上，大部分关节炎都是由于人体自身的免疫系统错误地把关节当作外来物质加以攻击所造成的。这种攻击损坏了关节附近的软骨组织，增大了关节之间的摩擦，造成了关节损伤，引起痛感。现代医学还不能完全解释这种"自身免疫病"的发病机制，但有一点可以肯定，那就是一旦得了关节炎，人体内的免疫系统便会时刻处于兴奋状态，其结果便是关节肿大僵硬，人会感觉疲劳，不舒服，心神不安，严重的还会引发低烧，出疹子。这些都是免疫系统处于高度戒备状态下人的正常反应。也许这就是为什么很多关节炎患者会觉得阴冷潮湿的天气增加了痛感，因为坏天气本身就足以让人感觉不舒服，属于雪上加霜。而热带地区温暖的阳光肯定会让一个人心情舒畅，得病的关节自然也就会感觉好一些了。

所以说，即使将来医学证明关节炎和天气无关，冬天的时候大家肯定还是喜欢去南方度假。无论关节的痛感是否减轻了，心情愉快总是件好事。只是别忘了随身带上点"非甾体抗炎药"，比如阿司匹林或者布洛芬，它们虽然不能根治关节炎，却是控制病情最有效也是最便宜的药物。

（2005.11.28）

帮你省点钱

> 对某些疾病的大规模筛检，会导致"过度诊断"，得不偿失。

最近一位哈尔滨老人住院 67 天花了五百多万元医药费，其中包括了大量的化验项目，仅血糖就化验了 563 次，平均每天 9 次。当然这不是正常现象，但现在去医院看病确实越来越贵了。医生们尤其喜欢让病人做各种化验，对病人的身体状况知道得越多就越好，这难道有错吗？还别说，一项筛检前列腺癌的常规化验近年来受到了科学家们的挑战。

斯坦福大学的泌尿学专家托马斯·斯塔美在《泌尿学杂志》上发表了一篇调查报告，指出用来筛检前列腺癌的 PSA 化验很不可靠。这个 PSA 就是"前列腺特异性抗原"。大约在 20 年前的时候，美国科学家提出人体血液中的 PSA 含量可以作为前列腺癌的诊断标准。这个试验曾经被认为是一项革命性的新发明，因为以前只能依靠医生用手指插进病人的直肠触摸的方法，一来很不可靠，二来很多病人也不愿意做。

PSA 化验在美国的普及得益于明星们的宣传。美国前将军施瓦茨科普夫和纽约前市长朱利亚尼都是通过 PSA 筛检而被检测出前列腺癌的，他们在电视上以身说法，把很多中老年男性说进了医院的泌尿科。但是，斯塔美博士却在那篇引起轰动的调查报告中指出，PSA 水平与前列腺癌关系不大。他检查了 1300 个病人的前列腺，发现 PSA 水平会随着年龄的增长而升高，与癌变无关。

那么，为什么 PSA 水平高的病人做前列腺活组织切片时发现了很高比率的前列腺癌变呢？斯塔美认为这只是一种巧合，因为前列腺癌在中老年男性中的发病率实在太高，其发病百分比基本上和年龄相当，也就是说，60 岁的男性发病率大约是 60%。任何男人只要活得足够长，都会得前列腺癌。

这篇报告引发了美国医学界的一场大辩论，至今方兴未艾。反对斯塔美的人认为，前列腺癌是美国成年男性的一大死因，每年都要夺去三万人的生命。虽然 PSA 检测可靠性存在争议，但是可以用活组织切片的办法进行复查，提高检测的准确性。支持斯塔美的人则认为在很多情况下，去做 PSA 化验只会把事情弄得更糟，因为 PSA 化验会产生大量的"假阳性"结果，让受试者产生不必要的恐惧。活组织切片检测法不但会引发感染，还会产生很多不必要的副作用。他们甚至认为多数前列腺癌根本不必治疗，因为前列腺癌的死亡率很低，很多人都是带着前列腺癌死的，而不是死于前列腺癌。治疗前列腺癌目前采用的手术切除法和放射性疗法都会产生很多副作用，比如尿失禁和阳痿，这些副作用极大地降低了病人的生活质量，产生的危害要大于前列腺癌，实在是得不偿失。

如果说这个说法是正确的，不就等于说病人对自己的身体状况知道得越多越不利吗？美国华裔泌尿学专家格雷斯·卢－姚认为如果单就前列腺癌而言，这个说法确实是正确的。她在 2005 年 10 月接受《华盛顿观察》采访时说："一个有生之年内不可能表现出前列腺癌症状的人，通过 PSA 筛检却被定性为前列腺癌症患者，并接受了没有必要的治疗，这就叫作'过度诊断'。"

美国国立癌症研究所做的一项大规模实验表明，接受 PSA 筛检的人并不比没有接受检测的人寿命更长。也就是说，PSA 化验虽然让不少人检测出了前列腺癌，却没能相应提高受试人的寿命。美国每年通过 PSA 等手段检测出的前列腺癌患者大约有 20 万人，其中至少 80% 的患者年龄超过了 65 岁。而在这些老人当中，80% 的前列腺癌患者并不会死于前列腺癌，而化疗和手术等治疗手段却会缩短他们的寿命。

这一奇怪的现象与前列腺癌的特殊性有直接的关系，因为大多数前列腺癌生长极为缓慢，得病的人往往先死于其他疾病。与此相比，乳腺癌的大规模筛检却已经被证明能够延长受检者的生命，因此这项筛检是没有任何争议的。由此可见，前列腺癌筛检的关键问题是如何提高检测的准确性，以及如何判断何种前列腺癌会加速生长，从而引起扩散。如果癌细胞只在前列腺内缓慢生长，对人的危害非常有限，根本没有必要进行治疗。美国最大的医疗保险机构"恺撒·帕马耐特"建议 50 ～ 70 岁的男性可以有选择地进行 PSA 筛检，其他年龄段的白人男性除非有家族史，没有必要去做前列腺癌的检查。

亚洲男性的前列腺癌发病率虽然在近年有所增长，但总体来说比白人和黑人要低。因此我国一直未做大规模筛检。格雷斯·卢 – 姚认为这可以说是"因祸得福"，因为中国男性预期寿命比美国短，如果做大规模筛检，会导致更多的"过度诊断"，反而得不偿失；如果再遇上一家黑心医院，还可能让你倾家荡产。

（2005.12.19）

如果你爱他，给他买副好耳机

随身听正把一代音乐爱好者变成聋子。

快过年了，又到了送礼的季节。相信很多人都会挑选一台 MP3 播放器送给心爱的人，尤其是 iPod，简直就是新一代时髦青年的身份证。可是，医学研究表明，越来越普及的随身听正在把这一代音乐爱好者变成聋子，你送给朋友的那台 iPod 没准会让他听不清你说的情话了。

美国聋学会提供的数字表明，目前美国有 2800 万人有不同程度的听力缺失，到 2030 年的时候这个数字可能会高达 7800 万人。在过去的这 20 年里，环境噪声以每十年增加一倍的速度递增，而摇滚乐的出现，尤其是随身听被发明出来之后，音乐爱好者们的耳朵便遭受了史无前例的轰炸。最极端的例子当然是那些摇滚音乐家，"谁"乐队吉他手皮特·汤森、"披头士"制作人乔治·马丁、著名摇滚歌手斯汀和尼尔·扬等人都患有不同程度的听力丧失，菲尔·考林斯更是因为听力下降，不得不放弃音乐制作人的工作，因为他调出来的低音总是过重。

医学上对这种现象有一个专用名词，叫作"噪音导致的听力损伤"（NIHL）。关于 NIHL 的研究，过去几十年里一直进展不大，直到近些年积累了大量遗传变异的实验老鼠之后，才有了突破性发现。研究表明，NIHL 的发病部位不是中耳的鼓膜，而是内耳的耳蜗。这是一个类似蜗牛的小器官，里面长着无数类似纤毛的听觉细胞，高强度声音刺激会破坏纤毛结构，导致耳鸣或者失聪。刚刚听完一场摇滚音乐会的人都应该经历过这种感觉。

但是，大多数人回家睡一觉后就会恢复到近似于正常的水平，因为听觉细胞和人体其他细胞一样具有自我修复能力。事实上，美国科学家发现，只要不是永久性损伤，人耳蜗中的听觉纤毛细胞在 48 小时内就可以恢复正常。但是，如果声音刺激过于强烈，或者持续时间过长，损伤便不可逆转了，这就是为什么美国医生们告诫摇滚歌迷们说：听完音乐会的第二天不要立刻去操纵割草机，应该给耳朵充分的时间自我恢复。

同样，听觉细胞恢复的过程需要血液提供大量养分，因此医生们还会劝说人们不要抽烟，不要吃油腻食品，因为它们都会降低血液流通的效率。可惜的是，很少有摇滚音乐家不抽烟的，他们也很少能够让自己的耳朵获得长时间休息，难怪耳聋成了音乐家的职业病。好在他们听的是音乐，不是工业噪音，心情愉快能够保证血液流通顺畅，因此音乐对耳朵造成的伤害比同样分贝数的噪音要小得多。

近年来，通过对不同遗传背景的小鼠进行的听力损伤实验，科学家还发现氧化自由基严重阻碍了听觉细胞恢复。已知线粒体在生产能量时会产生自由基，而凡是那些线粒体天生不健全（因此自由基大量泄漏到线粒体外面）的小鼠都对噪音十分敏感，容易患上 NIHL。基于这一发现，一批旨在预防 NIHL 的药物正在进入临床试验阶段，比如抗氧化剂 M– 甲硫氨酸、乙酰 L 型肉毒碱和乙酰 N 型半胱氨酸等，动物实验表明预先服用这类药物后动物的抗噪音能力都有了显著提高。

　　不过，目前市场上还没有任何一种预防或者治疗 NIHL 的药物得到美国 FDA 的批准，所以防病还得依靠土办法：那就是尽量少接触高分贝的声音。有一则中国医生撰写的健康小常识上说，预防 NIHL 的办法是尽量不用耳机听音乐，如果非听的话就听古典音乐。这个法子未免极端了些。其实，摇滚乐是可以听的，只要不超过一定的限度。美国的一个耳科机构列了一个单子，详细列出了不同分贝可以持续的时间。85 分贝是 8 小时，100 分贝是 15 分钟，105 分贝则是 4 分钟，也就是说每增高 3 分贝时间减半。一般情况下，繁华闹市区是 85 分贝，100 分贝则是用耳机播放摇滚乐的中间音量，也是欧洲规定的耳机音量上限。美国和中国因为没有这样的法规，因此在这两个国家出售的 iPod 耳机音量都比欧洲产品高。通常这种内塞式耳机音量开到 60% 时可以输出 110 分贝的音量，按照那个组织的标准，用这样的耳机听音乐只能持续 1 分钟左右。虽然《滚石》杂志引用另一位专家的建议说，110 分贝可以持续听 30 分钟以上，不过这连一张专辑都没完呢，消费者显然无法做到如此自律。

还有什么变通的办法吗？有的，那就是内塞式耳机。这种耳机有效地把环境噪声降低了 10 ～ 15 分贝，因此可以把音量减少相应的分贝数。这样一来，对听力的影响就大大减少了。

如果你真爱他，就请你去为他买一副好耳机吧。

（2006.1.16）

干细胞是癌症的罪魁祸首

给我一个干细胞，我能造出一个完整的
生命，当然，我也会变"坏"。

读过武侠小说的人都知道，一个人的武功从他第一次出现开始就很少再发生变化，否则读者会被搞混了，所以武侠小说特别喜欢按照武功高低排座次，排名第二的英雄好汉无论怎么勤学苦练，永远也打不过排名第一的那个高僧。

细胞也是这样。不同细胞的分裂能力是不一样的，科学家完全可以按照分裂能力的高低给细胞排座次。排名最低的是那些已经分化好了的功能细胞，比如红血球和脑细胞等，它们已经完全失去了分裂能力，就像武侠小说中的那些匪兵甲和店小二，虽然谁都打不过，但少了他也不行。其次是一些前体细胞，它们有一定的分裂能力，那些功能细胞都是由这些前体细胞分裂得来的。它们就好像是武侠小说中的英雄和侠客，已经排好了座次，能分裂成的功能细胞的种类越多，排名就越高。

但是，这些前体细胞的分裂能力是有限的。具有无限分裂能力的只有干细胞。它们是真正的武林至尊，能够永远不停地分裂出所有类型的前体细胞。换句话说，只要给我一个干细胞，我就能造出一群细胞或者一个器官，乃至一个完整的生命。

比如，哺乳动物血液和淋巴液中的所有细胞全部来自一个共同的祖先——造血干细胞（HSC）。如果有人写一本有关血液的武侠小说，那么造血干细胞就是武功最高的那个老僧。老僧总是住在寺庙里，不轻易出来走江湖，造血干细胞也是一样，一生都躲在坚硬的宫殿——骨髓里，周围还有一群贴身侍从，形影不离。这些侍从名叫"基质细胞"（Stromal Cells），它们为造血干细胞营造了一个与世隔绝的"微环境"，所有外来的信息，包括指导干细胞开始分裂的指令，都要通过这个微环境才能到达干细胞。

武侠小说中，高僧下山总是会引起一场腥风血雨，细胞世界也是一样。如果造血干细胞变坏了，或者它私自从微环境中跑了出来，其结果就是血癌，也就是白血病。

其实，从表面上看，癌细胞和干细胞是很相似的，它们都是一群具有无限繁殖能力的未分化细胞。事实上，当初就是因为癌症研究的需要，科学家才投入了大量的精力研究干细胞。经过五十多年的研究，科学家对干细胞的了解越来越深刻，反过来也为抗癌研究提供了新的思路。以前医生们都认为，任何癌细胞都可以继续分裂，变成新的恶性肿瘤，于是大多数治癌手段都以杀死更多的癌细胞为目的。可是，新的研究发现，癌细胞并不都是万能的，它们和其他正常细胞一样，也有固定的等级制度，只有少数细胞才有继续分裂成新肿瘤的能力，科学家把它们叫作"癌干细胞"。

越来越多的证据表明，大部分"癌干细胞"都是由于正常的干细胞"变坏"造成的。干细胞虽然数量很少（造血干细胞只占骨髓内细胞总数的 0.01%），但它们寿命很长，任何微小的基因突变都会被保留下来，并随着年龄的增长而越积越多，直到这些累积的突变让干细胞失去了自我克制的能力，或者摆脱了微环境对它的约束力，这个干细胞就变成了"癌干细胞"，并开始不顾一切地疯狂分裂，形成恶性肿瘤。

这个假说其实在四十多年前就被提出来了，但科学家一直找不到合适的实验方法和实验对象。直到上世纪 70 年代，流式细胞仪（Flow Cytometer）被发明出来，科学家终于能够把不同特点的细胞大批量地分离开来单独进行研究。多伦多大学的科学家用这种方法成功地把从人身上提取的干细胞移植到小鼠体内，并以小鼠为实验对象，鉴定出了造成白血病的"癌干细胞"。之后，许多不同种类的癌干细胞被鉴定出来，它们都能够在小鼠体内长成完整的肿瘤，其细胞成分与病人体内的肿瘤组织完全一致。至此，"癌干细胞"理论终于得到了大多数科学家的认同。

这个理论对抗癌有重要的指导意义。比如，评价化疗的效果，不能只看肿瘤体积缩小的程度，如果化疗法不能杀死"癌干细胞"，就不能从根本上治好癌症。但是，干细胞不能从外表上加以判断，必须开发出更加有效的鉴别方法，才能设计出针对它们的药物，并即时监督治疗的效果。

由此可见，干细胞研究绝对不能因为个别"事故"就终止，这个领域实在是一个金矿，许多宝藏有待挖掘。

这个案例还告诉我们，多年的生物进化所确立的细胞等级制度不能轻易打破。这就好比武侠小说中的英雄排座次，还是固定下来的好，否则作者写着写着就会写糊涂了。

（2006.7.10）

谢顶问题

在医生看来，男人谢顶根本就不是一种病。

2006年世界杯决赛后人们议论最多的恐怕就是齐达内的头。当媒体把意大利后卫马特拉齐的话刊登出来之后，网民对待齐达内的态度立刻180°转变，纷纷称赞他"是个男人"。

齐达内可不是一个普通的男人，他是个秃顶的男人。西方民间故事里早就说过，秃顶的男人不但性欲强，而且好战，更符合男性特征。这个传说据说来自古希腊著名的医生，被称为"医学之父"的希波克拉底，他注意到波斯军队中的阉人都不会谢顶，便得出结论说秃顶的男人肯定更加"男性"。

这个结论用在乔丹身上倒真合适，他不但打球勇猛，而且性格刚毅，当他发现自己秃顶之后便毅然决然地剃了个光头（戴着假发打篮球也不太合适）。后来阿加西、贾巴尔和巴克利等球星都跟着学，歪打误撞地掀起了一股新的时尚风潮。现在就连不秃的男人都喜欢剃光头了。

可惜，女人们还是不喜欢秃顶男人，于是男人们便想尽办法遮掩他们日渐稀疏的头发。治疗秃顶的民间偏方很多，最常见的说法是：秃顶是因为局部血液循环不畅造成的，于是便有人尝试倒立，或者每天揉搓头皮。那个古希腊名医希波克拉底推荐用鸽子尿热敷（幸亏他没有推荐阉割法），而另一个哲学家亚里士多德则喜欢用公羊尿。埃及艳后曾经用碾碎的马牙齿和鹿骨髓敷在恺撒的头上，结果恺撒大帝还是秃了，只好用月桂树枝做成花环戴在头上遮丑，不知道"桂冠诗人"这个词是不是来自于他。

其实，现代科学已经证明，那些偏方都没用。"男人型秃顶"的主要原因是雄性激素过多。原来，人大约有10万个毛囊，每个毛囊都有自己的生长周期，一般长上个 3～5 年就会休息一段时间，然后再重新开始长头发。控制毛囊生长周期的机理还没有完全搞清，但是一种名叫双氢睾酮（DHT）的男性激素却能够阻止休眠的毛囊重新"发芽"，在 DHT 的作用下，毛囊的工作时间缩短，休眠时间增长，结果就是处于生长期的毛囊越来越少。不但如此，DHT 还会让毛囊缩小，长出来的新毛越来越细，越来越软，这就是为什么秃顶的男人头上还会发现一层细毛的原因。

DHT 是睾丸酮（Testosterone）的代谢产物，比前者效力更强大。睾丸酮需要 5-α-还原酶的催化才能变成 DHT，因此如果能抑止这种酶的活性就能减缓秃顶的速度。事实上，目前被证明最有效的治疗秃顶的药物 Propecia 就是通过抑止 5-α-还原酶来实现其功能的。这是目前很少的几种被 FDA 批准上市的治疗秃顶药，试验表明这种药的有效率高达 83%，也就是说有 4/5 的男人在服用了 Propecia 之后秃顶的速度明显降低。

不过，Propecia 必须长期服用，一旦停药头发就会接着脱落。不但如此，此药的瓶子外面还白纸黑字写着它的副作用：可能会降低性欲，也可能造成男性乳房增大。

其实，秃顶在医生看来根本不是病，男人秃顶什么问题也说明不了。生产 Propecia 的厂家肯定恨死了齐达内，他们可不愿看到那么多秃顶男人在绿茵场上叱咤风云，改变女人们的审美观。不过，足球场上能看到勇猛的齐达内，也能看到理智的光头裁判科里纳，秃顶并不能说明他的性格或者性能力有什么不同。迈阿密大学的科学家曾经测量过秃顶男人头皮脂肪组织的 DHT 受体含量，发现他们的比正常人的多两倍。也就是说，他们的毛囊组织对于 DHT 更敏感，仅此而已。为了改变形象而冒如此大的风险，实在是不值。

万一有人还是过不去这个坎怎么办？建议他们还是等一等，因为负责生产毛囊的干细胞已经被找到了。2004 年，洛克菲勒大学的科学家伊兰·福克斯在小鼠身上找到了毛囊干细胞，并成功地把这些干细胞移植到一种无毛鼠的皮肤上，结果这些干细胞成功地发育成为完整的毛囊，并长出了毛发。2005 年底，一个瑞士的研究小组在《美国国家科学院院报》（*PNAS*）上发表文章说，他们成功地证明了这些干细胞是真正的全能干细胞。他们把干细胞做了标记，然后在体外培育了 140 代，再移植到无毛鼠身上，结果新长出来的毛囊全部都带有这个标记，显示干细胞完全自主地形成了毛囊的所有（八种）组成部分。

科学界乐观地认为，干细胞技术能够彻底地解决男人的秃顶问题，不过目前还有一些技术问题有待完善，男人们至少还得再等五年。可是，一些俄罗斯的美容院等不及了，他们开始在客人身上做干细胞移植，结果一些人的免疫系统出了问题，甚至长出了肿瘤。毕竟干细胞潜力巨大，不加控制的话肯定会出事。

还好，舍甫琴科也剃掉了一头卷发，改秃头范儿了。但愿俄国的秃顶男人们改变心态，别拿自己的生命开玩笑。

（2006.7.24）

阳光维生素

我们的祖先习惯了不穿衣服在热带的阳光下四处乱跑,我们的身体就是按照这个样子构建的。

1906 年,英国生化学家弗雷德里克·霍普金斯发表了一篇划时代的论文,指出食物中不能仅仅含有碳水化合物和蛋白质,还必须包括一些含量微小的物质,也就是后来人们所说的维生素。

一百年后的今天,维生素又成了热门话题。2006 年上半年,至少有四篇关于维生素 D 的论文发表在国际科技期刊上,它们关心的是同一个问题:维生素 D 是否可以抗癌? 它们的结果也都是相同的:维生素 D 可以降低前列腺癌、肺癌、结肠癌和皮肤癌的发病率。2005 年还有几篇论文指出,维生素 D 具有防治高血压、糖尿病和多发性硬化症的功效。

且慢! 维生素 D 不就是专门给老年人服用以防止骨质疏松的吗? 怎么还能抗癌? 的确,维生素 D 最重要的功能就是帮助人体吸收钙,强化骨骼,防止小孩得软骨病,因此世界卫生组织建议牛奶中应该适量添加维生素 D。可是,研究发现，维生素 D 并不是典型的维生素，而是一种激素的前体，它能够像激素那样调节多种细胞的生理功能。因此，有人甚至建议取消维生素 D 的"素籍"，把它归到激素里面去。

还有一个原因让维生素 D 显得十分特殊，那就是人体完全可以不必从食物中吸收它，只需要每天晒晒太阳就可以了，阳光中的紫外线可以把皮肤内的一种化学物质转变成维生素 D，转化量的多少取决于阳光的强度，肤色的深浅，以及年龄。一般说来，阳光越强，肤色越浅，年纪越轻，转化率就越高，这就是为什么老人、黑人和高纬度地区的居民需要补充维生素 D 的原因。如果一个浅皮肤的人在热带的阳光下晒几个小时，就可以产生出高达 2 万国际单位的维生素 D（每 40 国际单位相当于 1 微克）。要知道，世界卫生组织推荐的每日摄取量才仅有 400 国际单位。

那么，只要每天晒晒太阳就可以防癌了？答案并不是那么简单。任何一个皮肤科的医生都会告诉你，太阳不宜多晒，会得皮肤癌。不过，哈佛大学营养学系教授爱德华·吉奥瓦尼奇通过几年的调查研究得出结论：每出现一个因为晒太阳而死于皮肤癌的人，就会有 30 个人因为晒太阳而免于其他癌症。"我敢担保，没有任何一种营养元素，或者任何其他因素，能像维生素 D 一样具有如此持久而又有效的抗癌功效。"他说。

吉奥瓦尼奇教授之所以这么肯定，是因为皮肤癌不是非常致命的癌症，可维生素 D 能防止肺癌等其他许多更加致命的癌症，好处大于坏处。他建议每个人每天补充 1500 国际单位的维生素 D，就能显著降低癌症发病率，而波士顿大学的生理学家麦克尔·赫里克则认为 1000 国际单位就够了。赫里克博士在 30 年前发现了维生素 D 的作用机理，是世界上最著名的"阳光派"。

那么，能不能靠食物补充维生素 D 呢？这样不就可以防止皮肤癌了吗？赫里克指出这是不可能的，因为维生素 D 只在富含脂肪的海鲜（比如鱼肝油）中才有较高的含量，一个人想要每天摄取 1000 国际单位的维生素 D，必须拿三文鱼当饭吃，喝三杯牛奶，再喝一杯添加了维生素 D 的橙汁才行。更重要的是，维生素 D 能够提高血液中的钙含量，服用过多会影响肾功能，甚至产生肾结石。但是，通过晒太阳来生产维生素 D 就不会有这样的担心，因为皮肤自己生产的维生素 D 是 D_3，食品中添加的是 D_2，成分不同。

"其实只要每周出去 2～3 次，每次晒 5～10 分钟太阳就够用了。"赫里克说，"前提是不涂防晒油。肤色较黑的人需要适当增加时间。"

有些皮肤科医生对此并不赞同，他们指责"阳光派"科学家接受了生产"紫外线照射床"的厂家的赞助。对此指责"阳光派"大呼冤枉，他们反过来指责对手接受了生产维生素添加剂的厂商的赞助。事实上，许多制药厂出钱赞助了一个名为"阳光安全联盟"的组织，攻击"阳光派"的结论缺乏科学根据。

其实"阳光派"也承认，他们的结论需要更多试验数据的支持。目前的研究仅仅是对比了血液中的维生素 D 含量和癌症的关系，正确的做法是选择两组志愿者，一组晒太阳，一组不晒，然后长期跟踪。显然，这样的试验需要大量的时间和金钱，没有任何一家制药厂愿意出钱赞助这种试验。

"其实我就是提倡每天出去晒 5 分钟太阳。"波士顿大学的另一位"阳光派"科学家沃尔特·威赖特说，"我们的祖先习惯了不穿衣服在热带的阳光下四处乱跑，我们的身体就是按照这个样子构建的。"

（2006.8.14）

发烧有理

发烧很可能是人类最常见的一种疾病，
但直到最近科学家们才初步揭开了其中
的秘密。

人的体温之所以能够保持恒定，是因为人体有一套复杂的体温调控机制。当气温过高时，人会出汗，依靠汗水的挥发来降低体温。当气温过低时，人会打哆嗦，依靠肌肉的运动来产生热量。如果这还不够，那就采取丢车保帅的办法，让血液离开四肢，大量流入内脏，先保证重要的器官能在恒定的温度下工作。

恒定的体温是一种动态平衡。科学研究发现，人体有个"体温控制中心"，位于丘脑下部（hypothalamus）。这个控制中心会不断地发出指令，协调人体的各个组织和器官（比如汗腺和血管），以达到恒定体温。

西医看病，第一件事就是给病人量体温，如果超过38℃，医生会说：你发烧了。不过，严格说，体温升高并不等于发烧。有一种情况，科学术语叫作"体温过高"（hyperthermia），指的是人体降温措施失效造成的体温过高。比如，你穿着羽绒服在桑拿房里蒸上半小时，体温肯定会超标。但这是由于汗排不出去造成的，只要脱掉羽绒服出门待一会儿，问题就解决了。

真正的发烧，是指人体有意识地升高体温。

原来，人的体温是由"体温控制中心"预先设定的。正常情况下这个数值是37℃左右，即使处于"体温过高"的状态时，这个预设数值仍然是37℃没有变。发烧就不同了，这时"体温控制中心"主动发出了升高体温的指令，为了满足新的"预设数值"，血液继续不断地离开四肢流向内脏，这就是为什么发烧的人反而会感到寒冷的原因。

既然发烧是人体"自找"的，便有人提出了一个假说，认为发烧很可能是一种正常的生理反应，是有用处的，否则人体为什么会进化出这样一个奇怪的体温控制机制呢？

众所周知，人体在受到病菌侵袭时体温就会升高。于是有人进一步猜测说，发烧很可能增强了病人免疫系统的工作效率。这个假说听上去很有道理，但科学家一直没能搞清其中的细节。

2006年底，美国"罗斯韦尔公园癌症研究所"（Roswell Park Cancer Institute）的免疫学家雪伦·伊文思（Sharon Evans）在《自然》杂志免疫学分册上发表文章，从分子水平上揭示了体温升高和免疫系统之间的秘密。众所周知，除了血液循环外，人体还有一个淋巴循环，它可被看成是血液循环的助手，含有蛋白质等大分子物质的细胞液先被淋巴系统收集起来，然后再进入静脉，最终流回心脏，完成淋巴循环。为了防止细菌通过这个渠道进入血液，淋巴循环在各处都设立了关卡，俗称淋巴结。一旦遇到病菌袭击，该处的淋巴结便会肿大，阻塞淋巴管，不让细菌通过。之后，免疫细胞从血液中被大量地抽调出来，进入淋巴结，和来犯之敌进行殊死搏斗。可以说，淋巴系统就是人体免疫系统的主战场，这就是为什么免疫细胞又叫淋巴细胞的原因。

科学家早在70年代就已查明，淋巴细胞的命运从它诞生那天起就注定了。有的淋巴细胞一定会进入淋巴结，有的淋巴细胞则肯定会进入到胃黏膜中的淋巴组织，在那里参加保卫家园的战斗。淋巴细胞到达指定岗位的过程叫作"淋巴细胞归巢"（Lymphocyte Homing），这一过程主要是受淋巴细胞表面受体的控制。这些表面受体就像钥匙，一旦遇到合适的锁就结合在一起。比如，淋巴结附近的微血管表面就分布着很多锁，一旦遇到相应的钥匙——淋巴细胞，两者便死死地结合在一起。

换成科学术语，这些微血管叫作"高内皮小静脉"（High Endothelial Venule），它们可以被看作是淋巴细胞进入淋巴结的"大门"。这些小静脉细胞表面的"锁"叫作CCL21，专门吸引带有特定"钥匙"（受体）的淋巴细胞。两者相遇后，淋巴细胞用"钥匙"打开大门，越过血管壁进入淋巴结，参加发生在那里的战斗。

伊文思的研究小组将实验小鼠放在高温房间内，让它们的体温升高到39℃，模仿发烧时的情景。之后，实验人员把用荧光染色过的淋巴细胞注入小鼠的血液中，并在特殊的显微镜下观察这些淋巴细胞的分布情况。结果，发烧小鼠的"高内皮小静脉"上附着了大量的淋巴细胞，其数量大约是对照小鼠的两倍。

进一步研究表明，发烧小鼠的"高内皮小静脉"的细胞表面 CCL21 受体的密度比正常小鼠有所增加。别小看这一变化，这就意味着血液中流动的淋巴细胞会被更多地吸引到"高内皮小静脉"的表面上来，并通过这座"大门"，进入淋巴结。说到这里，读者也许就能明白发烧为什么有理了。原来，发烧带来的体温升高能动员更多的淋巴细胞进入淋巴循环，参与免疫反应。

这一发现再一次验证了生物界的一条真理：存在的就是合理的。生物进化了这么多年，保存下来的所有习性都应该有其道理。伊文思建议，发烧后不要急着退烧，而是应该根据不同情况制定相应的策略。当然了，长时间发烧对儿童来说很危险，应该及早退烧才是。

（2007.4.23）

月经过时了吗？

很早就有人尝试利用避孕药来避免月经来潮，但直到今天这个方法才被医学界正式承认。

　　2007年5月22日，美国食品与药品管理局（FDA）正式批准了一种名为Lybrel的女用避孕药，能让服用者不来月经。

　　这种药听起来很神秘，其实原理很简单。一般的女用口服避孕药都是以28片为一个周期，每天服用一片。前21片是真药，后7片是假药（安慰剂）。服用安慰剂的时候，月经就来了。之所以放7片假药，是为了让服用者养成每天一片的习惯，没别的意思。

　　那21片真药里含有两种激素，分别是雌激素（Estrogen）和孕激素（Progestin）。它们合起来造成了一种怀孕的假象，于是卵巢就不会再排卵了。一旦停止服用，妇女体内的这两种激素水平立刻直线下降，于是月经就来了。

　　女用口服避孕药是60年代由几个美国医生发明的，这项发明把怀孕的决定权交到了女性手里，被誉为妇女解放运动的导火索。很快，解放了的妇女们就不满足于避孕了，她们一旦搞清了避孕药的原理，便忍不住尝试用避孕药来避免月经。只要扔掉那 7 片安慰剂，在服完 21 片后紧接着服用下一个 21 片，就可以继续欺骗自己的身体。

没人知道究竟是谁先想出来的这个方法，最有可能的是那些女运动员。没人喜欢在来月经的时候去运动场上奔跑跳跃，而且有大量证据表明月经对运动员的体能会有很大影响。下一个吃螃蟹的群体大概是学生们，很多人在重大考试的前夕服用避孕药，以避免月经分散她们的注意力。

有不少人在这么做了一次之后发现没有问题，便开始尝试着继续做下去，毕竟月经是一件很麻烦的事情，除了最常见的痛经以外，还有超过 60 种与月经有关的生理和心理不适被医生们记录在案，包括头疼、焦虑、乳房肿胀、食欲不振（或食欲亢进）、抑郁、情绪波动和失眠等等，估计所有妇女同志都或多或少地经历过这些痛苦。早些年有篇报道说，很多美国医生都会偷偷地给病人开避孕药，因为这些人总是缠着医生，想让他帮忙消除月经带来的诸多烦恼。

总部设在美国的惠氏（Wyeth）制药厂看到了发财的好机会。他们进行了两次为期一年的临床试验，一共招募了 2457 名 18 ～ 49 岁的女性参加试验。结果表明，采用这种方法确实可以避免月经，但仍然会有不定期的小出血，尤其是开始服药的前半年，这种小出血频率还挺高的。不过，后来就好了，有 59% 的受试者在临床试验的最后一个月里完全停止了出血现象，另有 20% 的受试者只有轻微的血痕，并不需要采取任何特殊的清洁措施，只有21%的受试者出血严重，需要像来月经一样做局部清洁处理。

这种方法的副作用包括增加罹患血栓、中风和心脏病的概率，但是这和口服普通避孕药的副作用是完全一样的。与此相应的是，口服避孕药带来的好处非常诱人。研究表明，口服避孕药连续服用一年，卵巢癌的发病率就会降低40%，连续服用十年，降低80%。与此相反，如果一名妇女连续排卵超过三十五年，得卵巢癌的机会就会从1%提高到3%，增加了三倍！

有了试验数据做后盾，惠氏制药公司便大胆地推出了Lybrel。之所以取这个名字，是为了和英文的"解放"谐音。这种药每片含有90毫克孕激素、20毫克雌激素，预计7月份上市。从此，广大妇女终于可以解放了。

且慢！这个消息出来后，已经有人开始怀疑它的合理性了。美国新罕布什尔大学的社会学家吉恩·埃尔松（Jean Elson）就讽刺说，一直有人试图影响女性正常的生理周期，Lybrel不是第一个，也不是最后一个。不过，反对者的理由大都是没有科学根据的假设，即认定一个人正常的生理周期是大自然赋予她的一种特征，是不能被改变的。不过他们忘记了，女用口服避孕药其实就是一种改变正常生理周期的药物，而且已经被全世界的妇女安全使用了四十多年。

在推出Lybrel之前，惠氏制药公司委托著名的盖洛普（Gallup）咨询有限公司对205名妇科和产科医生，以及200

名护士进行过一次电话调查，97%的受访者认为依靠错过安慰剂的方法避免月经是可行的。看来医生们大都认可了这一做法。

当然，一种新药肯定需要经过比一年更长的时间才能被证明无害，"月经过时了"这个说法估计还为时尚早。起码，有人就宁可每月来一次月经，也不愿意每天吃一次药。再说了，月经已经被很多人视为年轻女性的象征，没了它可能还不太习惯呢。

（2007.6.4）

乳腺癌是传染病吗？

乳腺癌有可能是一种由病毒引发的传
染病。

陈晓旭去世，让乳腺癌再一次成为热门话题。

据新华社报道，我国乳腺癌的发病率增长速度惊人，
从五年前的十万分之十七迅速增加到 2006 年的十万分之
五十二，五年增长了两倍。目前还没有人能够对此做出合理
解释。

乳腺癌的遗传因素只占 5% 左右，后天的影响是主因，
包括肥胖和吸烟等。其中到底哪一种因素最危险，至今仍然
众说纷纭。最近，有不少科学家相继发表论文，提出了一个
新假说：乳腺癌很可能是一种病毒性传染病！

其实这个发现早在七十多年前就有了。1936 年，一个
名叫约翰·比特纳（John Bittner）的科学家发现了一个特殊
的小鼠品系，有 95% 的雌性后代长大后会得乳腺癌。表面
上看，这显然是一种遗传病，可是，当他把刚生下来的小鼠
送给其他正常母鼠喂养后，这些小鼠就不会得癌了。进一步
研究发现，罪魁祸首不是母鼠的基因，而是母乳，或者更确

切地说，是母乳中含有的一种病毒，比特纳把它命名为"小鼠乳腺癌病毒"（MMTV）。

在那个年代，科学界对病毒的特性所知甚少，因此这项研究在很长一段时间内几乎停滞不前，直到科学家知道了基因的秘密后，才又被人翻了出来。

类似的例子在科学史上非常普遍，反映了科学知识的传承性，也从另一个方面说明了资料检索的重要性。

进一步研究发现，MMTV是一种"逆转录病毒"（Retrovirus）。这种病毒含有的遗传密码不是DNA，而是RNA。入侵宿主后，病毒依靠自身携带的"逆转录酶"，把RNA翻译成DNA，然后随机安插进宿主的基因组中去。之所以叫"逆转录"，是因为信息的传递方向不是通常的DNA→RNA，而是正相反。

如果病毒DNA正好插入了一个基因中间，这个基因就会被打断，从而失去活性。好在哺乳动物的基因组内含有大量"垃圾DNA"，比如，人类基因组大约含有30亿个碱基对，而有用的部分（即"基因"）只有大约1亿个碱基对。也就是说，逆转录病毒每30次插入才会有一次打中某个功能基因。

事实上，有一种理论认为，"垃圾DNA"正是由人类进化史上遇到的那些没有打中目标的逆转录病毒"尸体"所组成的。

假如某个细胞因为功能基因被击中而死亡，问题倒还不大。但是，如果打中的恰好是一个控制细胞生长的基因，那么这个细胞就会失去控制，不停地分裂，变成癌细胞。MMTV 正是通过这种方式让小鼠得乳腺癌的。原来，这个病毒的基因能被雌激素所激活，发育成熟的小鼠的乳腺中含有大量的雌激素，因此这个病毒就变得非常活跃，产生大量后代，对周围的乳腺细胞发起一轮又一轮的攻击，总会有一个击中目标。

找出原因后，科学家们自然想到在人类身上寻找 MMTV 病毒，却一直没有找到。到了 70 年代中期，这项研究几乎停止了。

90 年代时，澳大利亚科学家搞清了胃溃疡的发病机理，凶手竟是一种名为幽门螺杆菌的细菌！这一意外发现重新激活了关于癌症病因的研究。很快，"人乳头瘤病毒"（HPV）被证明是宫颈癌的必要条件，乙型肝炎病毒可以诱发肝癌，T 细胞白血病和 T 细胞白血病病毒也有关联，而幽门螺杆菌则是诱发胃癌的一个重要因素。

1999 年，美国图兰（Tulane）大学教授罗伯特·加里（Robert Garry）报告说，他发现了一种专门感染人类的逆转录病毒，和 MMTV 有着 95% 的同源性，因此被命名为"人类同源小鼠乳腺癌病毒"（HHMMTV）。

第二年，澳大利亚新南威尔士大学的科学家对澳大利亚的乳腺癌病人进行过一次小范围普查，结果发现有 42% 的患者乳腺组织中含有这种病毒，而且都集中在癌变部位。相比之下，只有 2% 的健康妇女的乳腺中发现了这种病毒的踪迹。2003 年，他们又对比了越南乳腺癌患者的 HHMMTV 病毒感染率，结果发现比澳大利亚妇女要低很多。科学家因此猜测，也许这种病毒的流行度差异可以用来解释不同国家妇女的乳腺癌发病率为什么会有很大的差别。

之后，又有两种病毒引起了科学家的注意，它们分别是"人类巨细胞病毒"（Cytomegalovirus，CMV）和"人类疱疹病毒"（Epstein - Barr Virus）。乳腺癌患者乳腺组织中含有这两种病毒的概率明显要比健康人高，暗示了两者可能存在一定的联系。2006 年底，又一种病毒被发现存在于 50% 的乳腺癌病人的乳腺组织中，这就是前面提到过的能诱发宫颈癌的 HPV。做出这一发现的澳大利亚科学家甚至暗示说，乳腺癌很可能是通过性途径传染的。

不过，直到目前为止，上述结论都还属假说，因为还没有人能够从机理上阐明这些病毒是怎样引发乳腺癌的。科学家们倒是非常希望这些假说是真的，因为如果真是这样，就可以制造相应的疫苗来对付乳腺癌了，就像对付宫颈癌所做的那样。

（2007.6.11）

心脏病和衣原体

心脏病是又一个和某种微生物感染发生
关联的疾病。

　　虽然胆固醇被公认为是急性心脏病的主要原因，但仍然
有很多医生持怀疑态度。一个重要原因在于，欧美各国的急
性心脏病发病率在经历了一次长达四十多年的急速上升期
后，突然自60年代开始以同样的速度下降，而同期欧美人
饮食中的脂肪所占比例并没有发生很大的变化。

　　心脏病的发病率变化曲线和传染病的曲线非常相似，都
会有明显起伏。但是，以前很少有人会把心脏病和某种微生
物联系起来，两者似乎分属于八竿子打不着的两个范畴。

　　80年代末，澳大利亚科学家证实了幽门螺杆菌是胃溃
疡的元凶。这项发现为心脏病的"细菌说"注入了一针强心
剂，科学家纷纷开始在微生物的世界里寻找心脏病的元凶。

　　最有可能的候选者是一种名叫"衣原体"（Chlamydia）
的细菌。这类细菌介于传统细菌和病毒之间，它们自身缺乏
某些维持生存必需的酶，因此只有寄生在细胞中才能存活下
去。人类体内的衣原体被分成三类，分别叫作"鹦鹉热衣原

体"（C. Psittaci）、肺炎衣原体（C. Pneumonia）和"沙眼衣原体"（C. Trachomatis）。前两种极为普遍，几乎一半的成年人体内都有，所幸危害不大。第三者比较少见，也相当危险，能造成妇女不孕症。男性当然也会感染，但是却不会导致他们不育。

很早就有人发现，冠状动脉内的粥样物质中能发现大量的衣原体。有人因此对心脏病患者的衣原体感染情况进行统计，发现大多数病人的血液里都有抗衣原体的抗体，说明这些人都是衣原体的受害者。但是那时科学家不敢相信小小的衣原体会和心脏病有什么联系，直到幽门螺杆菌事件后，科学界才开始认真对待这个假说，并很快出现了两种解释。一种认为，衣原体可以入侵血管内壁细胞，造成被入侵的细胞"泡沫化"，继而形成粥样化物质。另一种解释认为，衣原体能够刺激人体产生某种细胞因子（Cytokine），后者导致了粥样化物质在血管内壁的堆积。但是，这两种假说至今没有得到过硬的证据。

转机出现在 1999 年。约瑟夫·潘宁格（Joseph Penninger）教授领导的一个加拿大研究小组在著名的《科学》杂志发表了一篇论文，第一次找到了衣原体引发心脏病的确凿证据。这个发现很偶然，该小组本来的研究对象是一种病毒，他们想知道病毒感染是否会引发心脏病。可是，他们意外发现，如果在小鼠体内注射肌凝蛋白（Myosin，肌肉蛋白的一种），引发小鼠对这种蛋白的免疫反应，同样能诱发小鼠得心脏病。

肌凝蛋白很大，研究人员只好通过排除法，一段一段地试，终于找到了肌凝蛋白中真正发挥作用的一段包含30个氨基酸的多肽。然后他们把这段多肽的氨基酸顺序所对应的基因序列输入电脑，让计算机从世界上所有已知的DNA序列中找出和它相似的顺序。结果，计算机只找出了一种，那就是衣原体的表面蛋白外壳！

这难道是一个巧合？科学从不相信巧合。科学家们推测，衣原体正是用这种方式，伪装成肌凝蛋白，逃脱了免疫系统对它的监控，这才得以入侵宿主细胞。但是，某些情况下，宿主的免疫系统会认出衣原体，并生产出相应的抗体。因为衣原体和肌凝蛋白的相似性，抗体便会不分青红皂白地对两者实施攻击，这种攻击的直接后果就是心肌炎，而炎症早就被认为和血管内壁的粥样物质堆积有直接的关系。

为了验证这一假说，科学家把这段多肽直接注射进小鼠的体内，小鼠的免疫系统果然被骗，得了"自身免疫病"，最后它们无一例外地患上了心脏病。

可是，既然有50%的成年人体内都有衣原体，为什么有的人不会发病呢？科学家认为这是个体差异所造成的。有的人体内的肌凝蛋白和衣原体相差较大，抗衣原体的抗体不会对正常的肌凝蛋白实施攻击。

这篇论文发表后，在医学界引起了轰动。科学家们都很兴奋，因为如果这个假说属实的话，就意味着防治心脏病变得十分简单,只要用抗生素消灭衣原体就可以了。但是,迄今为止进行的几次临床试验都没有得出肯定的结论。对此,医生们认为,心脏病是一种慢性疾病,需要长时间的严格观察和试验才能最终发现病因。

让我们耐心等待。

(2007.7.23)

父女连心

父亲和亲生女儿关系越亲密，女儿月经初潮的年龄也越大。

150 年前，北欧国家女孩子月经初潮的平均年龄是 17 岁，现在则是 12 岁半。中国的情况类似，目前中国城市女孩的初潮年龄已经和发达国家不相上下了。

营养的充足被认为是这一变化的关键因素。以前有人认为女性身体的脂肪比例是影响月经初潮的直接原因，可最新的研究表明，脂肪储存的位置更重要。如果长在腰部和腹部，则反而会提高初潮年龄。只有长在臀部和大腿上的脂肪才会使初潮年龄提前，这部分脂肪中含有大量的"欧米伽 –3"（Omega‑3）型脂肪，这是婴儿大脑发育过程中最需要的脂肪类型。这部分脂肪平时不用，专门储存起来留给怀孕后期的婴儿，相当于"婴儿营养银行"。只有银行里有了足够的存款，女孩才会来月经，表明她为怀孕做好了准备，能够生下一个健康的孩子。

这个例子说明，月经初潮也像其他人类行为一样，受到进化的影响。这种影响往往是不以人的意志为转移的，因为它存在于我们的基因中。以前有人提出过一个假说，认为如果女孩的成长环境太过艰辛，或者遇到太多的挫折，就会加速她来月经的时间。理由很简单，在这种环境下长大的女孩将来哺育儿女的条件大概也不会好，于是她只有尽快怀孕生子，才能增加子女成活的概率。

统计表明，生存环境和家庭亲密程度对女孩初潮时间的影响在五个月左右。别小看这几个月，它会大大提高女孩早孕的可能性。原来，女孩初潮并不说明她已经开始排卵，事实上，很多已经来过月经的年幼女孩大部分时间都是不排卵的。具体来说，如果女孩在 12 岁以前来月经，那么一年之后，她会有一半的月经属于有排卵的"有效月经"。如果她13 岁以后再来月经的话，那么达到一半"有效月经"的时间也就相应延长到了 4.5 年。也就是说，初潮时间越早，女孩意外怀孕的可能性也就越大。

如今的父母们大概不会希望自己的孩子这么早当妈妈，因为时代不同了，青少年的教育期越来越长，真正独立的年龄也越来越大，这一趋势和越来越短的发育周期形成了尖锐的矛盾。这就是所谓的"青少年问题"的根本原因。

那么，除了营养和成长环境之外，还有哪些因素能够影响女孩的发育呢？有人曾经用鼠、猪、羊和灵长类动物做过实验，证明如果把雌性动物和它们的雄性近亲一起饲养，就会延长它们性成熟的时间。如果换成非近亲雄性，则正好相反。

人类中进行的类似试验也获得了同样的结果。2003年，美国亚利桑那大学的科学家发表了一份调查报告，他们对762名美国女孩进行了跟踪调查，发现亲生父亲和女儿关系越近，女儿的初潮年龄就越大。如果女孩从很小的时候就失去亲生父亲的话，她们在13岁以前发生月经初潮的可能性是对照组的两倍。这一结果和父亲是否亲生很有关系。假如女孩跟继父（或者母亲的男朋友）一起长大，那么双方相处的时间越长，初潮的年龄就越早。

2005年，美国宾夕法尼亚大学的研究人员又对2000名女大学生进行了调查，发现不但亲生父亲的有无对她们的初潮年龄有影响，甚至她们和兄弟之间的关系远近同样会使她们性成熟的速度产生微妙的变化。另外，这种影响还和她们的居住环境有关，那些住在城市里的女孩受到的影响远比住在农村的女孩受到的影响大。

两组实验都指向了同一种原因：外激素（Pheromone）。这是一种能够远距离影响同类的激素，许多动物依靠它来协调种群内每个个体的行为。科学家早就发现，同一窝动物之间会依靠外激素来调整性行为，避免发生近亲繁殖。也许人类也保留了这一特性，父亲和兄弟们在不经意间影响了女儿和姐妹们的性周期。

不过，也有人对这个解释持有不同的意见。美国加州的一名研究人员曾经发现了一个有趣的现象：失去亲生父亲的女儿更有可能带有一种基因，能够增加对雄激素的敏感程度。男性如果带有这种基因，会更富攻击性，做事容易冲动。带有这种基因的女性则表现为性早熟和乱交。英国还曾有人调查过那些很小就失去父亲的女儿的相貌，发现她们会长得比较男性化。按照这一派的理论，那些父亲之所以离家出走，或者选择离婚，就是因为他们更有可能带有这个基因，做事冲动。于是，他们的女儿便有很大机会从父亲那里遗传了这个基因，并在这个基因的作用下变得性早熟。

不管这个基因理论是否正确，科学家们倾向于相信，后天环境对孩子成长的影响是巨大的。一个和睦的、充满关爱的家庭更加有利于孩子的健康成长。

（2007.8.13）

星座歧视

科学家也在研究星座对性格的影响，但他们只对一颗恒星感兴趣。

星座越来越流行了，以至于一些人开始用星座来挑选潜在的恋人。最近甚至传出新闻，某家用人单位居然搞起了星座歧视，拒绝招聘某个星座的人。

迷星座的人都能举出很多例子证明出生在某些日期里的人具有某些相似的个性。心理学家们当然也没闲着，他们通过严密的调查统计，也发现了类似的倾向。早在 1929 年，就有一位名叫莫里兹·特拉默（Moritz Tramer）的瑞士科学家发现，晚冬出生的人患精神分裂症的概率比其他季节出生的人要高。这是目前能够检索到的关于这个问题的第一篇科学文献。后来有人专门调查过此事，发现在北半球，出生在 2～4 月的人患精神分裂症的比率比其他月份出生的人高 5%～10%。而且纬度越高，差别就越大。对于北纬 60° 以上地区出生的人来说，患病比率比其他月份出生的人高 10%，而北纬 30°～60° 出生的人只高 5%。

另一项统计就更吓人了。最近有几名英国科学家对 2.5

万名英格兰和威尔士地区自杀者的出生时间进行了统计，结果发现，出生在 4 ～ 6 月的人自杀的概率比其他月份高 17%！有个研究厌食症的科学家看到这份报告后突发奇想，也做了个类似的调查，结果发现 4 ～ 6 月出生的英国人得厌食症的概率比其他月份高 13%。

看到这里，估计不少读者会去查查这几个月份分别对应哪几个星座。但是科学家不这么想，他们坚信遥远的恒星对人类的精神世界没有丝毫影响，但他们却有足够的证据对距离地球最近的一颗恒星发生怀疑，这就是太阳。众所周知，太阳在不同的月份有着不同的运行轨迹，轨迹的不同造成了日照时间和强度的变化，其结果就是四季更迭。

按照常理，季节的变化肯定会对胎儿的神经发育造成不同的影响。比如，上世纪 80 年代时就有人推测，2 ～ 4 月正好是北半球流感高发期，病毒感染也许正是精神分裂症的诱发因素之一。不过，美国佐治亚大学的科学家进行过一次包括 75 万个样本的大规模调查统计，没发现流感和精神分裂症之间有什么联系。

目前比较流行的假说认为，精神分裂症与日照时间的长短有关。太阳光会促使皮肤合成维生素 D，而维生素 D 已经被发现是一种"基因开关"，能够促使神经发育过程中的某些重要的基因得到充分的表达。澳大利亚科学家曾经拿小鼠做过实验，如果在母鼠怀孕期间减少维生素 D 的供应，生下来的小鼠侧脑室（Lateral Ventricle）会变得异常肥大，而精神分裂症患者的侧脑室"恰好"也是如此。侧脑室肥大的小鼠总是显得过分活跃，多巴胺阻断剂可以让小鼠安静下来，而这种药正是治疗精神分裂症的特效药。

科学家相信这绝不是巧合，维生素 D 的缺乏很可能就是精神分裂症的诱因之一，如果孕妇在怀孕的中后期缺乏阳光，就会造成维生素 D 的缺乏，其结果很可能就是婴儿长大后容易患精神分裂症。

除了维生素 D 以外，阳光还会抑制另一种激素——褪黑素（Melatonin）的分泌。有一种理论认为，很多自杀者之所以会选择日照时间最长的夏季结束自己的生命，就是因为漫长的夏日减少了褪黑素的水平。对于出生在 4 ～ 6 月的婴儿来说，他们母亲怀孕的时间大概是 7 ～ 9 月。于是，胎儿脑神经发育最关键的时期，正好遇到了夏季最长的那段时间。也许，褪黑素的缺乏造成了婴儿长大后变得容易抑郁，因此也就更倾向于选择自杀。

那么，厌食症是不是也和日照时间有关呢？科学家们认为不是这样。厌食症是一种具有高度遗传性的疾病，相当多的厌食症患者都有一个具有厌食倾向的母亲。厌食的人都很瘦，太瘦的女人不容易排卵，也就无法生育。夏季气温高，人体需要用来维持基本生理过程的能量消耗也就相对较小。厌食的女性在这段时间里比较容易积攒下足够的脂肪，触发排卵。4 ～ 6 月出生的人的母亲大概是在 7 ～ 9 月怀的孕，这在北半球正是气温最高的时段。

有趣的是，悉尼及其周边地区的厌食症患者的出生月份分布和英国正相反，因为澳大利亚在南半球，温度变化和英国正相反。而新加坡的厌食症患者出生时间和概率没有关系，因为地处热带的新加坡全年的气温相差不大。

　　科学家们研究这些问题可不是为了歧视那些"倒霉"的人。仔细看一下上面列出的数据就可以知道，出生时间对上述这些疾病的影响并不大，没有足够的理由歧视那些"生辰八字"不好的人。但是，出生日期的不同为科学家提供了一个难得的研究样本，可以帮助科学家们找出某些疾病的发病原因，进而找出治疗和预防的方法。比如，预产期在冬季的孕妇应该注意多晒太阳，这样可以减少你的孩子长大后发疯的概率哦。

（2007.8.27）

病急乱投医

如果你得了癌症，化疗无效，会不会去服用没有通过临床试验的抗癌药？

病急乱投医，这话无论在哪儿都适用。美国医学研究比较发达，经常有人托关系找到癌症研究机构的科研人员，索要正在进行临床试验的抗癌药，因为他们实在想不出别的办法了。

2007年就出了这么一种药，没有通过临床试验，却在民间掀起轩然大波，坊间传说它是抗癌灵药，却因赚不到钱被制药厂封杀。这个小道消息通过网络迅速传播，引得不少病人家属绞尽脑汁四处求购。

那么，这位"抗癌草根英雄"究竟是如何"落草为寇"的呢？

事情要从一篇论文说起。2007年1月，一份名为《癌症细胞》的医学杂志刊登了加拿大阿尔伯塔大学研究人员撰写的论文，描述了一种名为二氯乙酸（Dichloroacetic acid，简称DCA）的小分子化学物质的抗癌特性。他们把DCA加入水中喂给得了癌症的小鼠喝，结果小鼠体内的肿瘤明显缩小。

论文刊出后不久，英国著名科普杂志《新科学家》立即撰文盛赞 DCA，把它说成是"廉价、安全而又有效"的抗癌新星。不过，凡是经常关注医学新进展的读者都会知道，媒体上类似这样的新药消息每天都有，但最后真正能通过临床试验的并不多。相比之下，DCA 差得更远，还没有开始进行临床试验呢。

和其他那些抗癌潜力股一样，DCA 的抗癌机理听上去也是天衣无缝。众所周知，正常细胞的绝大部分能量由线粒体产生，依靠的是高效率的"有氧代谢"。而癌细胞却只能依靠"无氧代谢"来产生能量，这个过程又叫"糖酵解"，产能效率低，平时只在某些极端情况下使用，比如在剧烈运动时，肌肉必须在短时间内产生大量能量，而氧气一时供应不上，就只能暂时采用无氧代谢。

德国科学家奥托·瓦伯格（Otto Warburg）早在上世纪 30 年代就发现了癌细胞的这一特性，后来被医学界命名为"瓦伯格效应"（Warburg Effect）。以前的理论认为，癌细胞的线粒体发生了不可修复的损伤，所以只能用"糖酵解"来产生能量。可是，阿尔伯塔大学的科学家却用实验质疑了这个假说。他们用 DCA 处理癌细胞，使它们的线粒体重新恢复了活力。

人们已经知道，线粒体是"细胞凋亡"（Apoptosis）的启动因子。所谓"细胞凋亡"指的是有机体清除有害细胞的一种正常的生理过程，人体正是依靠这套监督系统把变异细胞及时清除出去的。癌细胞的线粒体功能异常,"细胞凋亡"无法进行,这才得以逃过监督系统,获得了"永生"的能力。DCA恢复了癌细胞的线粒体功能,却给了"细胞凋亡"机制一个启动的机会,于是癌细胞就会被杀死。

这个机理看上去很美吧?但是这件事的关键并不在这里。《新科学家》的那篇报道暗示说,DCA之所以还没有开始临床试验,是因为这是一种治疗线粒体代谢障碍的老药,很早以前就已经上市,其专利早就过期了,制药厂无法从中获利,因此没人愿意投资临床试验,因此也就永远无法重新焕发"第二春"。

可以想象,这篇文章迅速通过互联网传播开来,读者纷纷写信索要具体信息,媒体也纷纷打来电话,准备借此机会狠狠批判一下"唯利是图"的制药厂商们。一个名叫吉姆·塔萨诺(Jim Tassano)的杀虫剂销售商抓住机会,注册了一个名为www.buydca.com的网站,开始销售DCA。因为没有通过FDA验证,DCA是不被允许当作药品销售的。塔萨诺想出一个办法,在网站上把DCA列为"动物药品",却在后面开设了一个讨论版,让购买者交流使用心得。从上传的帖子看,买DCA的人大都是晚期癌症患者,他们买DCA是为了自己使用。

"我们通过这个方式收集了大量数据。"塔萨诺在接受记者采访时暗示自己正在进行的是一项完全由民间发起的临床试验,"很多服用者都非常认真,详细记录自己的使用方式、剂量和检测结果。"塔萨诺举例说，有一名脑瘤患者连续服用了五周，其肿瘤缩小了50%。不过他也承认，这名患者同时还遵照医嘱服用了已经上市的抗癌药Avastin，所以不敢肯定到底哪种药才是真正起作用的决定因素。

2007年7月17日，两名美国FDA的工作人员来到塔萨诺的办公室，命令他们关闭销售DCA的网站。在此之前，已经有超过2000个癌症患者服用了从这个网站买到的DCA，塔萨诺已经赚回了全部投资，正准备盈利呢。

那么，DCA到底是否有效？现有资料表明，DCA不但有毒，而且可以诱发癌症。当然，如果DCA确实能治癌，这点副作用是可以忽略不计的。问题在于，绝大多数癌症专家都认为，没有通过严格的临床试验，仅仅依靠动物试验，是无法判定抗癌药物的疗效的。另外，专利过期并不是制药公司对DCA缺乏兴趣的主要原因，事实上，就在不久前，一种名为Fenretinide的治疗癌症的过期药物刚刚通过了临床试验，被获准上市。

不过，缺乏专利保护确实会对投资人的热情造成很大的影响，这就需要国家医疗机构，以及各种慈善组织出钱出力，共同解决这个问题。

（2007.9.3）

生命八卦：那些关于健康的忠告

抑郁症到底应该怎么治？

如果你得了抑郁症，到底应该吃药还是
去看心理医生？

关于抑郁症的研究非常活跃，不但因为得这种病的人数
多，而且这是一个潜力巨大的药品市场。可惜的是，和其他
大多数心理疾病一样，抑郁症机理的研究还很不成熟，好多
基本问题没解决。

但有一点可以肯定：这是一种与遗传有关的疾病。一项
研究表明，得过抑郁症的父母生出的小孩得抑郁症的概率明
显高于正常父母。为了区分遗传因素和后天环境的影响，研
究者还统计了抑郁症父母的孩子被正常父母领养的情况，结
果仍然证明领养的孩子得病的概率大于正常父母的孩子。另
一项关于双胞胎的研究显得更有说服力。假如同卵双胞胎其
中一人患了抑郁症，那么另一人得病的概率就会变得很高，
比异卵双胞胎更高。

抑郁症是否是遗传病，对选择治疗方法影响很大。如果
是，就说明抑郁症与人脑的结构或者某种化学反应有关，这
就可以通过化学药物来治疗。否则，如果抑郁症只是一种心

理病，就应该去看心理医生。

事实上，上世纪前五十年的心理学界一直被弗洛伊德的精神分析法所统治，心理疗法是精神病人的唯一选择。1949年，一位法国医生偶然发现，一种抗组胺的药物氯丙嗪（Chlorpromazine）能够让病人产生愉悦感，后来这个小分子化合物就变成了"冬眠灵"。这是人类第一种治疗精神分裂症的化学药物。

为了降低氯丙嗪的副作用，科学家不断对氯丙嗪的分子结构进行微调，然后对新产生的化学分子做人体试验。没想到，其中一个代号叫 G22355 的小分子竟产生了和氯丙嗪相反的作用，让服用者无缘无故地亢奋起来。后来，这个被命名为"米帕明"（Imipramine）的小分子成为第一个治疗抑郁症的药物。

另一种抗抑郁药——异烟酰异丙肼（Iproniazid）的发现更传奇。"二战"时德军曾发明了一种火箭燃料——肼（Hydrazine），战争结束后这种东西没用了，便被化学家拿来进行药物试验。他们的本意是想找出治疗肺结核的药物，结果却发现肼的一个变种——异烟酰异丙肼能让受试者莫名兴奋。于是，第二种治疗抑郁症的药物被发明出来。

上世纪 80 年代，类似的药物筛选又选出了一类新的抗抑郁药，这就是"选择性血清素再吸收抑制剂"（Selective Serotonin Reuptake Inhibitor，简称 SSRI），大名鼎鼎的"百忧解"（Prozac）就属于 SSRI。在所有已知的抗抑郁药物中，百忧解副作用最小，于是很快风靡全球，真的成了名副其实的"百姓忧愁解除剂"。

值得一提的是，这些药的作用机理都是在上市后很多年才弄明白的。氯丙嗪是多巴胺（Dopamine）拮抗剂，异烟酰异丙肼是单胺氧化酶抑制剂（Monoamine Oxidase），米帕明是 5– 羟色胺（5-HT）受体的抑制剂，百忧解则顾名思义是血清素再吸收过程的抑制剂。

从本质上讲，所有这类药物的作用对象都是大脑中传递信息的小分子信使，学名叫做"神经递质"。其中，5– 羟色胺和血清素其实是一种神经递质的两种叫法，这种化合物与情感障碍有关，被普遍认为是造成抑郁症的关键因素。根据研究，抑郁症患者大脑中的血清素含量低于常人，因此，抗抑郁症药物的主要作用就是提高血清素的水平，或者提高血清素受体的工作效率。

这一理论得到了遗传学的验证。目前已知最有可能造成抑郁症的基因名叫 5-HTT，它所编码的就是一种负责运输血清素的蛋白质。这种基因有一长一短两种类型。一项进行了两年的人体试验显示，如果某人带有两份长型5-HTT 基因，遇到压力时有 17% 的可能性会感到抑郁。如果他带有的拷贝是一长一短，那么这个可能性就增加到33%。如果他不幸同时带有两份短型拷贝，那么患病的可能性就上升到了 43%。这个试验说明，短型 5-HTT 基因并不足以让人得抑郁症，但却能够降低此人应对危机时的自控能力。

那么，是不是增加血清素的含量就能治好抑郁症呢？事情远没有那么简单。从上面的叙述中就可以看出，几乎所有治疗精神性疾病的药物都是偶然发现的，而不是科学家们设计出来的，因为人类关于大脑的研究还处在初级阶段，很多问题都没有完全搞清。比如血清素，它的作用非常广泛，不加选择地提升它的水平很有可能造成莫名其妙的副作用。

甚至，关于血清素和抑郁症之间的关系都受到了质疑。不少独立机构发出警告，要人们警惕制药厂资助的科学研究所取得的成果。这种金钱和科学混淆不清的情况在抑郁症研究领域最为明显，因为这是一种很难界定的疾病，每人都会偶尔抑郁一阵子，要抑郁到何种程度才应该吃药呢？有时连专家也说不清。

制药厂当然希望人们吃药。默克公司的前 CEO 亨利·加兹登曾批评公司的方针"只局限在病人身上"。他的意思是说，制药厂应该想办法把药卖给健康人，只有这样才能获得最大的利润。

于是，很多人指责制药厂买通了科学家，散布虚假信息，把本来通过心理治疗就能好的人劝进了药房。但也有人指出，有些批评者本身却和心理治疗师组织，或者那些"另类诊所"有瓜葛。争论的双方谁也不干净。

对于任何一种疾病，在其机理没有彻底搞清以前，肯定会是这个样子，抑郁症尤其如此。到底应该怎么治？这个问题真是复杂得让人抑郁。

（2007.10.15）

骨头与肥胖症

新的研究发现，骨头也是一种内分泌器官，而且很可能具有调节脂肪代谢的作用。

故事要从"瘦素"（Leptin）的发现讲起。

1950 年，美国的杰克逊实验室发现有些小鼠天生就爱发胖。这个实验室是一家专门培养实验小鼠的高科技公司，肥胖研究是这家公司最擅长的项目之一，因为小鼠的肥胖程度一目了然，很容易找到突变体。

通过对这些天生胖鼠家族进行基因分析，科学家发现了"瘦素"。这是一种小分子蛋白激素，是由脂肪细胞所分泌的。胖人体内的脂肪组织含量高，因此他们血液中"瘦素"的含量也就相应地比瘦子要高。

"瘦素"能够作用于下丘脑，向主人传递一个信号："脂肪够多了，别再吃了。"这是一种典型的负反馈机制，这种机制保证了人体的代谢能够维持在一个正常的水平。胖人的问题在于下丘脑对"瘦素"的敏感度下降了，因此他们体内的"瘦素"水平虽然比正常人高，但还是很馋。其结果自然是——衣服穿不下啦。

科学家们正在研究"瘦素"的作用机理，希望有一天能生产出一种药物，吃了就减肥。不过胖人们先别高兴得太早，这类激素的作用往往是非常复杂的，在没有完全搞清机理之前，绝不能轻易使用。

　　大约在 2000 年，美国哥伦比亚大学的遗传学家杰拉德·卡森提（Gerard Karsenty）意外发现了"瘦素"的一项副作用：它能作用于骨骼细胞，加快骨骼的生长速度。这个发现也很好理解，前面说了，体内脂肪含量高的人"瘦素"含量也高，而胖子们显然比瘦子需要更大更结实的骨架。

　　同样，那些希望利用"瘦素"来治疗骨质疏松症的人也别高兴得太早，理由如上。

　　卡森提博士的思维非常活跃，他知道人体内的激素作用往往是相互的，也就是人们常说的"反馈"。既然脂肪细胞能够分泌"瘦素"作用于骨骼，那么骨骼为什么不能分泌一种激素反过来作用于脂肪细胞呢？这个想法在当时有点异想天开的味道，因为骨骼被公认为是一种非常"死板"的器官，科学家们没有发现骨骼细胞能够分泌任何激素。

　　卡森提博士不信邪，他决定试试看。在查阅了大量文献后，卡森提发现，成骨细胞（Osteoblast）能分泌一种"骨钙素"（Osteocalcin），促进骨骼生长，而"骨钙素"的唯一来源就是成骨细胞。当时科学界对"骨钙素"的研究还很原始，很多问题没搞清。但是，因为"骨钙素"的基因已经被发现了，因此科学家可以很容易地利用"基因敲除法"，研究它的效果。关心生物学发展的读者肯定听说过"基因敲除法"，这是一种研究蛋白质机理的最有效的方法，其发明者刚刚获得了 2007 年的诺贝尔生理学或医学奖。

卡森提博士培养出了一个"骨钙素"基因被"敲除"了的小鼠品系，结果给了他一个大大的惊喜。这种小鼠非常容易发胖，就像是那些对"瘦素"不敏感的小鼠品系一样。他又尝试了另一个思路，用基因工程的方法提高了小鼠"骨钙素"的分泌量。结果正相反，这种小鼠都是瘦子。

这是怎么回事呢？通过分析这些小鼠的血液成分，卡森提发现"骨钙素"能促进胰腺细胞分泌更多的胰岛素。更妙的是，"骨钙素"同时还能命令脂肪细胞分泌"脂联素"（Adiponectin），提高肌体对胰岛素的敏感度。

众所周知，胰岛素能加快血糖被细胞吸收的速度，控制血糖在血液中的含量。那些患有 II 型糖尿病的人就是因为体内胰岛素分泌不足，或者对胰岛素不敏感，造成他们的血糖含量偏高，身体发胖。科学家们在此前发现了很多能促进胰岛素分泌的激素，但这些激素却同时降低了肌体对胰岛素的敏感性。这个结果虽然看上去很矛盾，但却是一种相对安全的激素作用机制。"骨钙素"是目前已知的唯一一种具有"协同效应"的激素，既提高了胰岛素的分泌量，又提高了敏感度。

"骨钙素"的这一作用似乎也是可以理解的，骨骼生长需要耗费大量的能量，这就需要胰岛素发挥作用，保证血液中的能量能被骨细胞有效地利用。

卡森提的这项研究报告发表在 2007 年 8 月的《细胞》杂志上。这是人类第一次发现骨骼的内分泌功效，具有划时代意义。

也许已经有人迫不及待地想要利用"骨钙素"的这一特点，开发减肥药了。但如前所述，这个美好的愿望成为现实还为时尚早。但是"骨钙素"的特性正好对上了Ⅱ型糖尿病，因此科学家正在加紧研究，希望尽快将其机理搞清楚，开发出一种治疗Ⅱ型糖尿病的新药。

（2007.12.3）

按疗效付钱

英国有家制药厂上个月宣布：如果本公司生产的抗癌药没有疗效，病人就不用付钱。

虽然听起来有些残酷，但再天真的人恐怕也得承认，制药行业和其他行业一样，也是要赚钱的。

一般说，赚钱和救死扶伤并不冲突。谁家的药疗效好，谁家的药销量就高。但在一些细小环节上，两者确实存在矛盾。澳大利亚癌症专家伊安·海恩斯（Ian Haines）曾经在一本医学杂志上撰文指出，大部分制药厂都会建议病人采用安全范围内最高的剂量，最长的疗程，好多得一些利润。比如美国最大的生物技术公司"基因泰克"曾经生产过一种治疗乳腺癌的特效药，叫作"赫赛汀"（Herceptin）。"基因泰克"建议病人连续服用一年，但芬兰一家独立研究机构进行的小规模临床试验显示，此药只需要连续服用九个星期，就能产生同样的疗效。减少疗程不但可以省去大笔费用，还能减少"赫赛汀"的副作用（引发心脏病），可谓一箭双雕。

如果说上述例子还算是个比较罕见的特例，那么目前病人面临的最大问题就是医药费和疗效之间的不成比例。世界上任何一种商品，如果达不到顾客要求，恐怕都得被迫退款，只有药品是个例外。不但如此，很多治疗绝症的药物还会漫天要价，而病人往往不敢质疑其定价的合理性，生怕耽误了治疗，毕竟人命关天。

那么，如果政府强迫制药厂改变政策，治不好病就不给钱，不就能解决问题了吗？问题并不是这么简单。首先，如何界定疗效好坏是最大的障碍。其次，绝大部分药物都不是百分之百有效，如果采用这种定价方式，估计很多制药厂会消极抵制，推迟出新药的时间，这恐怕也是病人不愿看到的结果。

但是，就在上个月，英国一家制药厂破天荒地第一个公布了这种付费方式，在欧美医药界引起很大轰动。不过，病人们先别太过激动，这件事并不是那么简单，制药厂是有难言之隐的。

这家制药厂名叫 Janssen-Cilag，是隶属于强生制药公司（Johnson & Johnson）的一家英国小型生物技术公司。该公司研发出一种名为"万珂"（Velcade）的新药，对多发性骨髓瘤（Multiple Myeloma）有显著疗效。这种病其实就是血癌，是癌症中最难对付的一种，死亡率很高。英国每年平均有 4000 人患上这种病，其中只有 20% 的病人可以活过五年。

"万珂"属于新一代抗癌药，其特点是具有专一性。老一代化疗药物往往不分青红皂白通通都杀，副作用很大。科学家们正在做的就是搞清癌细胞的特殊性，开发出针对癌细胞的特效药，最终淘汰"简单粗暴"的化疗。

不过，"万珂"并不是万能的。临床试验显示，它的有效率在70%左右，病人平均能多活2～3年。但是，这种药非常昂贵，平均每个病人需要花费1.8万英镑。

目前英国大约有2万名病人，也就是说，这种药最多只能对其中的1.4万人起一定的作用，却要花掉3600万英镑的药费，而这些药费大部分都是从英国的医疗保险基金中出。要知道，大部分英国人都加入了"英国国民医疗保健系统"（National Health Service，简称NHS），这个医保系统的经费总量是一定的，如果在某个地方付出太多，就意味着其他地方必须紧缩，因此NHS委托"英国健康和临床医疗研究所"（National Institute for Health and Clinical Excellence，简称NICE）负责监督经费的使用，找出性价比最高的治疗办法。

正是由于NICE的反对，"万珂"被踢出了NHS的药品名单。这就意味着英国的多发性骨髓瘤病人再也不能使用医疗保险金来为"万珂"买单了。此举当然遭到不少病人抗议，但NICE坚持己见，认为"万珂"的性价比太低，不划算。

值得一提的是，苏格兰、北爱尔兰和威尔士并没有把"万珂"踢出去，因此不少英国病人准备移民，到这些国家去养病。有钱的病人也可以自费购买，因为"万珂"早在

2004年就已经被FDA批准上市了。换句话说，这种药确实有效，只在"性价比"这一环节出了问题。

不管怎么说，NHS的这个决定给了"万珂"致命一击，Janssen-Cilag公司立刻开始和NHS谈判，试图让"万珂"重新回到NHS的大家庭里。谈判的结果让不少人大吃一惊，Janssen-Cilag公司竟然同意了"按疗效付钱"的原则，这可是开天辟地头一回。

这个原则说起来简单，实行起来还蛮复杂。按照NHS公布的方案，多发性骨髓瘤病人必须先试用其他方法治疗，如果无效，再服用三个月的"万珂"，NHS付给Janssen-Cilag公司2.4万英镑的药费。三个月后，病人必须按照严格的指标测试"万珂"的有效性，如果有效，继续服用；如果无效，就停止服用，同时"万珂"全额退款给NHS。

这件事是否预示着今后癌症病人再也不用为无效药物买单了呢？专家警告说：先别高兴得太早。其实，从这件事的来龙去脉就可以发现，"万珂"这么做绝对不是自愿的，这件事更像是一个个案，推广开来的机会并不大。不过，美国斯坦福大学的医疗政策专家阿伦·盖博（Alan Garber）指出，这件事表明，制药厂不再那么牛气了，他们愿意改变自己的方针，以适应医药市场发生的任何变化。

《新科学家》杂志则评论说，这件事还有更深的背景。两位瑞典研究人员曾经在2007年5月发表了一篇重要报告，指出目前的医保政策正在让更多制药厂只为富人研发新药，而普通人接触新药的速度变得越来越慢，这一点直接造成了某些国家近年来癌症病人的死亡率有所上升。

这两位研究人员最后指出，不管采取什么方法，只要能让制药厂积极开发新药，并且让病人能吃到新药，就是好政策。

（2007.12.10）

锻炼的误区

....

怎样在锻炼身体的同时防止受伤？很多
流行的做法其实并没效果。

即将到来的奥运会在民间掀起了一股健身热，让不少人重新回到了运动场上。很多人在进行正式锻炼之前通常都会习惯性地压压腿，或者伸伸腰，因为体育老师们多年来一直都是这么教的，据说这样做能防止运动伤。

这么做看似很合理。琴弦绷得太紧就更容易断，不是吗？可惜的是，目前为止进行的所有研究都证明，运动前拉伸肌肉并不能降低受伤的概率，甚至还有可能适得其反。

1994 年，美国夏威夷大学的科学家大卫·拉里（David Lally）曾经对参加夏威夷马拉松赛的 1543 名职业运动员进行过一次为期一年的跟踪调查，结果发现在白人男性运动员当中，有 47% 的经常做肌肉拉伸的运动员发生过不同程度的运动损伤，而那些不做拉伸的运动员当中，这个比例只有33%，两者在统计上有显著的差异。

不过，由于显而易见的原因，这项研究没有设立对照组，因此遭到不少人的批评。有人反驳说，有些运动员天生柔韧性好，他们自己知道这一点，因此不习惯跑前做拉伸。还有人说，那些不习惯做拉伸运动的人很可能把时间花在了其他热身方式上，也许这才是他们很少受伤的真正原因。

拉里教授的这项研究还得出了一个很有趣的结果：只有白人男性运动员存在区别，在女性和其他种族的男运动员群体中，无论拉伸与否，都和运动伤发病率没有关系。拉里推测说，也许白人男性运动员习惯于某种不正确的拉伸方式，造成了运动损伤。事实上，有人通过调查后发现，那时的白人男性运动员喜欢在比赛前做快速而又大幅度的肌肉拉伸，这样做不但不能帮助运动员热身，反而会让他们的肌肉收缩强度下降20%。想想看，人在跑步时腿部肌肉需要做的只是小幅度高频率的收缩运动，赛前热身时所做的肌肉拉伸却把肌肉纤维拉长至极限，而这并不是肌肉习惯的动作。

上述这项试验没有对照组，得出的结论不够有说服力。可是，要想找到一群愿意配合研究的志愿者，并不是一件容易的事情。2000年，一群澳大利亚科学家想出了一个办法。他们说服了1538名刚入伍的新兵，配合他们完成了这项研究。这批新兵按照计划一共要进行11周的训练，合计6万小时。他们被分成两组，803人在每天的训练前不做肌肉拉伸，另外735人做拉伸。结果，拉伸组有175人受了运动伤，对照组有158人，两者之间在统计上没有差别。

值得一提的是，这些新兵不是职业运动员，而是一群普通人，因此这项研究对于普通人来说更有借鉴意义。

据不完全统计，关于肌肉拉伸是否有效这个问题，世界上一共进行过六次大大小小的试验，没有一次证明拉伸有效。现在国际上通行的做法是运动前不做肌肉拉伸，而把它放在运动完成后做。有充足的数据证明，等到高强度的运动完成后，再适当地拉伸那些因为疲劳而僵直的肌肉，有助于加快肌肉复原的速度。

从这个例子可以看出，人类的运动机理仍然有很多不解之谜，很多看似合理的做法并不见得有效。

最近，又有一个常见的做法被否决了，这就是"赛前训练是否要循序渐进"。

假设一名不常运动的人准备恢复锻炼，参加一次长跑比赛。他的教练通常会建议他从短距离跑起，每周提高10%的运动量，直到他能够跑完全程为止。这就是目前风行欧美的"10%法则"，据说这样做可以减少受伤的概率。根据不同的研究小组所做的统计，经常长跑的普通人有30%～79%的可能性会遭受不同程度的运动伤，因此这个"10%"法则对于运动爱好者来说还是很有威慑力的。但是，这个法则是否有效呢？很少有人做过这方面的研究。

2007年10月6日，荷兰格罗宁根大学的科学家艾达·布依斯特（Ida Buist）博士在《美国运动医学杂志》（*The American Journal of Sports Medicine*）上发表了一篇研究报告，第一次验证一下这个法则是否有效。布依斯特博士设法找到一群正打算参加一次4英里（约合6.5公里）长跑比赛的普通人，他们停止运动多年，正打算借此机会恢复锻炼。研究人员把这群人随机分成两组，每周训练三次。一组提前13周开始训练，严格遵循"10%法则"，第一周一共跑30分钟，快走30分钟；第二周跑34分钟，快走26分钟……然后逐渐加大跑步的分量，减少快走的时间。到了第八周时每周跑56分钟，快走18分钟，第十二周时每周运动90分钟，全部用来跑步。

第二组则采用一种快得多的训练方式，他们提前八周开始训练，第一周一共跑30分钟，快走30分钟，第二周跑46分钟，快走22分钟……直到第七周跑95分钟，快走5分钟。

研究人员统计了这两组人遭受运动伤的概率。运动伤被定义为"因长跑造成的必须停训一周的伤害"。统计的结果证明，两种训练方法对运动伤的发生概率没有任何影响，两组人的受伤概率都在20%左右。

这项试验起码说明，运动量的逐渐加码对提高人体适应高强度运动的效果并不是人们想象的那样好。

（2008.1.21）

G 点问题

如果有一种方法可以非常方便地检测出
你的 G 点在哪里，你会去试试吗？

G 点问题是人类性学研究中最具争议性的课题。

早在 1944 年，有位名叫厄内斯特·格拉芬博格（Ernst
Grä-fenberg）的德国妇科医生提出一个假说，认为女性阴道
内存在一个特殊区域，能够对性刺激起反应，引发高潮。但
是，医生们寻找了很多年，一直没找到这个传说中的"性感
地带"。

1966 年，人类性学研究的先驱者马斯特斯和约翰逊
（Masters and Johnson）出版了著名的性学著作《人类的性反
应》。书中认为，女性的性高潮归根结底只有一种，就是阴
蒂高潮，而阴道高潮只是阴蒂高潮的另一种形式。具体说，
阴蒂组织绝不仅仅只是外表看到的那么小，它隐藏在体内的
部分一直延伸到阴道壁，阴道高潮其实就是这部分阴蒂组织
受到刺激的结果。

1981 年，美国鲁特格斯大学的科学家贝弗利·维普尔
（Beverly Whipple）在《性学研究杂志》上发表了一篇文章，

又一次把格拉芬博格的假说搬了出来。维普尔的研究小组通过对女性射液现象的研究，发现某些女性的阴道上壁距离阴道口 2 ～ 3 厘米处确实存在一个高度敏感的区域，适当的刺激可以引发性高潮。维普尔把这个假想中的区域叫作"格拉芬博格点"，后人把它简称为"G 点"。

这个说法一经媒体传播，立刻在民间引起轩然大波。对于那些无法达到阴蒂高潮的妇女而言，G 点的存在给了她们一线希望。但是，对于性学研究者而言，G 点就像是地狱，因为它的存在因人而异，实在是太难以捉摸了。

以前的研究者们通常都是通过问卷调查结合人工触摸的方法寻找 G 点存在的证据。后来有人通过尸体解剖的办法，研究阴道内壁的神经分布模式。按照推理，G 点处的神经末梢必然比其他部位更密集。可是，几乎所有这类探索都失败了。

后来，一位名叫曼努埃尔·詹尼尼（Emmanuele Jannini）的意大利科学家决定另辟蹊径，用生物化学的方法寻找 G 点存在的证据。他决定研究磷酸二酯酶 5（PDE5）的分布情况，这种酶能够降解一氧化氮（NO），而一氧化氮正是诱发勃起（充血）的关键因子。大名鼎鼎的"伟哥"（Viagra），以及后来的其他几种类似药物，正是通过抑止 PDE5 来帮助男性勃起的。

詹尼尼解剖了 14 具女性尸体，运用化学染色法研究了 PDE5 的分布，结果发现这种酶在 G 点附近的浓度异常高。

其中两具尸体的 PDE5 含量极少，进一步的解剖发现，她俩的斯基恩氏腺（Skene's glands）都找不到了。

斯基恩氏腺是包围在女性尿道四周的一种腺体，它的作用一直令人费解，因为正常女性似乎用不到它。但是，近来有不少研究显示，少数女性在性高潮时射出的液体，正是来自它的分泌物。这种分泌物的成分和男性前列腺分泌物类似，和尿液完全不同。斯基恩氏腺的位置和传说中的 G 点相当吻合，因此不少人相信斯基恩氏腺就是 G 点。

"没有，或者只有很小的斯基恩氏腺的女性，生理上是根本无法体验到 G 点高潮的。"詹尼尼在评价自己的研究成果时这样说。这篇论文发表在 2002 年 7 月的《性学研究杂志》上，当年曾经引起媒体的广泛关注。

2008 年 3 月的《性学研究杂志》发表了詹尼尼的最新研究报告。"这是人类第一次能够用一种简单、快速而又廉价的方法检测出 G 点是否存在。"詹尼尼说。但是，英国性学专家蒂姆·斯佩克特（Tim Spector）有不同的看法，他认为这项实验仍然不能说明 G 点的独特性，因为阴蒂的体积在不同女性之间也有很大的差异，詹尼尼检测到的差异也许来自阴蒂。

斯佩克特曾经于 2005 年用问卷的办法调查了一千多名双胞胎女性达到性高潮的难易程度，其中包括 714 对同卵双胞胎和 683 对异卵双胞胎。之所以调查双胞胎，就是为了排除后天环境的影响，因为这些双胞胎都是在相同的环境下长大的。

结果显示，在那些能够影响女性获得性高潮的因素当中，遗传因素至少占了 45%。

这项实验有助于了解女性性高潮在人类进化史上的意义。有人认为女性性高潮是女性选择性伴侣的一种手段，也有人认为性高潮有助于精子进入子宫。但是，这项实验说明，女性的性高潮并没有选择优势，而只是一种进化遗迹。具体说，女性的性高潮来自阴蒂和 G 点，它们分别是阴茎和前列腺的同源器官。后两者对男人是至关重要的，而在女性这里，它们完全失去了作用。但是，因为留着也没什么害处，它们便被保留了下来。

"我们这个社会曾经普遍认为，那些无法达到性高潮的女性具有生理缺陷，是不正常的。这个说法该换换了。"《女性性高潮研究》一书的作者、美国印第安纳大学教授伊丽莎白·洛伊德（Elisabeth Lloyd）说，"如果有至少 2/3 的女性从生理上根本无法达到性高潮，那么性高潮就不能作为'正常女性'的衡量标准。"

值得一提的是，这个说法绝不是说女性天生就是男性的附属品。要知道，男性身上也有类似的器官。比如，男人的乳头就是进化遗留下来的附属品，因为它们对男人无害，所以被保留了下来。

（2008.3.17）

人为什么要睡觉？

如果不睡觉照样精神的话，大部分人都
会选择醒着。

对于很多上班族来说，周末是用来补觉的。

美国宾夕法尼亚大学有个"睡眠研究中心"，曾经专门研究过补觉问题，科学家们找到一批志愿者，每天只允许他们睡 4 小时，然后研究这些人周末需要补觉多少小时才能完全恢复正常。结果他们意外地发现有 15% ～ 20% 的志愿者完全不需要补觉，有的人甚至在 40 小时不睡觉的情况下也只需要睡上 8 小时就能彻底缓过来。

人类中还有一小部分人完全相反，随时随地都能睡着。显然这是一个非常危险的症状，医学上叫作"嗜睡症"（Narcolepsy）。以前这类病人只能通过服用安非他明等兴奋剂来暂时缓解病情，后来美国军方受此启发，曾经在美军中试验过安非他明的解乏效果，结果发现服用安非他明的士兵虽然不再感到困倦，但却经常兴奋过头，行为失去控制。2002 年伊拉克战争时，美国空军曾经误杀了 4 名加拿大士兵，调查显示那就是安非他明惹的祸。

在做这类研究之前必须回答一个终极问题：人为什么要睡觉？

如果说睡眠是一项人体必需的生理过程，那么任何试图减少睡眠的研究都很难获得成功。但是，越来越多的实验证明睡眠不是必需的。比如，曾经有人认为睡眠是免疫系统必须要有的一段休整时间，否则就无法正常工作。为此，科学家曾经进行过一次小范围的人口普查，按照睡眠时间的长短把人分为两组，结果发现睡眠时间短的那组人患病的概率比另一组要高，而且平均体重也更大。可是，后来有人重新研究了这个实验，发现睡眠时间少的人更喜欢光顾快餐店。于是，两者之间的区别很可能要"归功"于垃圾食品，而不是睡眠时间的差别。

这件事说明了一个道理：任何有关人类生活习惯和健康之间关系的研究都必须格外小心才是。

当人类知道了如何测量脑电波之后，情况发生了变化。科学家们按照脑电波的不同把睡眠分成两大阶段。一个叫作"快速眼动"（REM）阶段，此时人的眼睛会快速转动，脑电波异常兴奋。另一个则简单地叫作"非快速眼动"（NREM）阶段，其中包括一段关键的"慢波睡眠"期，此时人的脑电波的频率和强度都降至最低点，所以又叫作深度睡眠。人在深度睡眠时被叫醒会感到格外难受，因为此时人的脑干也处于休眠状态。要知道，脑干控制着人的呼吸和心跳等基本生理功能，如果此时被叫醒，脑干来不及兴奋，人肯定好受不了。

目前科学家研究得最多的是 REM 睡眠。目前流行的理论认为，REM 对巩固记忆力至关重要，这一阶段的大脑有充足的时间处理清醒时获得的大量信息。可是，英国达勒姆（Durham）大学的睡眠专家伊莎贝拉·卡佩里尼（Isabella Capellini）不同意这个说法，她举了一个反例：抗抑郁药百忧解（Prozac）能够减少服用者 REM 睡眠的比例，很多服用 Prozac 的人甚至可以在长达数年的时间里完全没有 REM，可这些人的记忆力并没有受到影响。

卡佩里尼认为，要想回答人为什么要睡觉的问题，必须研究其他哺乳动物的睡眠习惯，从中寻找答案。所幸近几年来科学家积累了大量相关数据，为进行这类系统性研究提供了可能性。卡佩里尼通过检索相关文献，收集了 115 种哺乳动物的研究结果。她发现，动物的睡眠模式和种群的遗传相关性有很大的关系，也就是说，亲缘关系越近的动物，其睡眠模式就越接近。

卡佩里尼还发现，新陈代谢水平越高的动物睡眠时间越少。这个发现颠覆了曾经流行一时的自由基理论，该理论认为睡眠能够帮助清除动物体内的自由基，减少自由基对组织的破坏。可是，代谢水平越高的动物产生的自由基就越多，理应更能睡才对。

对此结果，卡佩里尼提出了一个有趣的假说。她认为新陈代谢速率越高的动物需要的食物也就越多，这就意味着该动物必须花费更多时间觅食，而不是睡觉。

事实上，大量数据证明，动物的睡眠习惯和身高体重没有关系，却和它的生活习性更加一致。比如，狮子大部分时间都在睡觉，而同样重量的野牛却每天只睡四五个小时。蝙蝠是个出名的瞌睡虫，一天要睡 20 个小时，而大部分候鸟却几乎不睡觉。生活在水中的大部分哺乳动物都不需要睡觉，尤其不需要 REM。比如海豚的左右脑可以交替进入慢波睡眠状态，没有 REM。一种海狗（Fur Seal）出海捕鱼时采用海豚式的左右脑交替睡眠模式，可它们一旦上岸，就会迅速恢复成陆上动物典型的 REM 睡眠方式，而且并不需要像陆上动物那样补充失去的 REM。也就是说，它们完全不需要补觉。

针对这些有趣的事实，美国加州大学洛杉矶分校的杰里·西格尔（Jerry Siegel）提出：睡眠并不是人们想象的那样，有着某种不可代替的生理功能。睡眠只是动物节省能量的一种方式。在相同的条件下，睡眠时间越长的动物反而越安全，因为它们可以选择一个隐蔽的地方休息，减少了被天敌发现的机会，以及因乱动而造成的意外伤害。生活在海里的动物没有这个优势，因此它们普遍不睡觉。

西格尔的这个理论很容易解释某些动物之间睡眠模式的差别。比如，狮子一旦捕食成功，就可以获得大量高热量的食物，因此它们完全不需要再去浪费体力，选择睡觉才是最经济的方式。相比之下，野牛需要吃进大量低热量的草，因此它们必须不停地进食。迁徙时的鸟当然要一刻不停地飞才能尽快到达目的地，而蝙蝠最爱吃的食物——蚊子只在每天黄昏的时候才集体出来交配，只要抓紧这段时间吃个饱，蝙蝠就可以安心去睡觉了。

　　西格尔承认他的这个理论还有很多需要解释的地方，尤其对于深度睡眠还有很多谜没有完全解开。但是，一旦他的理论被证明是正确的，必将为"清醒药"的研究打开一扇大门。

（2008.4.7）

噪声污染

噪声能改变鸟类的生活习性，也能改变
人体的生化结构。

斑胸草雀（Zebra Finch）是一种产自澳大利亚的小鸟，
这种漂亮的红喙小鸟在野外实行严格的一夫一妻制，一直被
当地人看作"忠诚"的典范。可是，美国弗吉尼亚州威廉玛
丽学院的动物行为专家约翰·斯瓦德尔（John Swaddle）及
其同事通过仔细研究后发现，生活在城市周边的斑胸草雀正
在逐渐失去这一"优良传统"。

原来，雄性斑胸草雀都会唱歌，每只雄鸟的歌声都不一
样，雌鸟正是通过歌声来辨别不同的雄鸟的。研究显示，住
在城市附近的雌鸟往往对原配和第三者一视同仁，来者不
拒，而且越是接近噪声源的雌鸟"滥交"的倾向也就越强，
这个结果说明城市噪声干扰了雄鸟歌声的传播，于是雌鸟越
来越难以辨别其中的细微差异，稀里糊涂地被骗"失身"。

城市噪声不但能破坏某些鸟类的婚姻，还能改变它们的
生活习性。英国谢菲尔德地区的一种知更鸟以前都是只在清
晨鸣叫，而现在它们只有在夜里才会开口唱歌。曾经有学者

认为是城市灯光改变了知更鸟的习性，但是英国生态学家理查德·富勒（Richard Fuller）经过仔细研究后认为，城市的"光污染"造成的影响其实非常微小，真正的原因是噪声。自然情况下，清晨是一天里最安静的时光，因为此时的风声干扰往往是最小的，鸟鸣声能够传得很远。可是，来自上班族的汽车噪声打破了清晨的宁静，于是知更鸟们只好被迫改变生活习性，否则就找不到伴侣了。

擅长歌唱的欧洲夜莺则想出了另一种办法抵抗城市噪声的污染。德国科学家亨里克·布鲁姆（Henrik Brumm）研究了柏林地区的一种夜莺的歌声，这种夜莺并不是只在晚上才开唱，布鲁姆专门研究了它们在早上5点到10点这段时间的歌声，发现比生活在森林里的同类平均高出14分贝，达到了95分贝！对于人类而言，如此高强度的声音完全失去了美感，近处的人甚至需要戴耳塞才能避免被吵得心烦意乱。

更有趣的是，布鲁姆发现这种夜莺每周一至周五的歌声最响，一到周末分贝数就降下来了，这说明夜莺们能够根据居住环境的噪声强度，主动调整自己的歌声。说到变声，夜莺的本领还不算太高，它们只会调整音量，一种荷兰山雀居然能够调整音调！原来，大部分城市噪声都属于低频段，频率在1000～3000赫兹之间。荷兰莱顿大学的动物行为学家汉斯·斯莱贝库恩（Hans Slabbekoorn）通过五年的研究后发现，生活在高噪声地区的山雀唱歌的音调要比生活在低噪声地区的同类高，换句话说，两者有了不同的"口音"，而且双方都认为对方的鸣叫不够"性感"，几年下来，荷兰山雀逐渐分化出了"城""乡"两个种群。

鸟类鸣叫习惯的改变是自然选择的结果吗？科学家认为不全是这样。不少鸟类天生就具有一种改变声调的能力，因为大自然本来就是千变万化的。比如，布鲁姆就曾指出，不少生活在森林里的鸟类遇到瀑布就会很自然地提高音量，这是它们为了适应森林生活所必须学会的一种手段。

但是，人就没那么幸运了。因为自然环境中的大多数噪声都意味着危险的迫近，所以人类天生对噪声十分敏感，即使在睡眠时人的耳朵都必须保持一定程度的警觉，对异常声响发出警报。长时间的噪声环境会让人产生耳鸣、听力下降、烦躁、睡眠障碍、记忆力下降等症状，严重威胁人类的健康。

更可怕的是，噪声还会使人更容易患上心血管疾病。原来，有相当多的实验证实，噪声会使人产生心理压力，促进人体分泌一系列应激激素，包括可的松、肾上腺素和去甲肾上腺素等。这些激素本身没有问题，但是如果它们在血液中的含量长时间居高不下，就会对心血管系统造成不良影响，甚至引发心脏病。

为了对噪声的危害进行定量分析，世界卫生组织（WHO）于 2003 年成立了一个专家小组，在噪声污染比较严重的一些西方发达城市展开调查。2007 年 8 月，该小组公布了一份初步调查结果，结论令人震惊。报告称，欧洲每年死于城市噪声引发的心脏病的人数占到心脏病死亡总数的3%，如果这个数据可以扩大到全球范围的话，这就意味着全世界每年至少有21万人死于噪声污染。

那么，这个结论是如何做出的呢？要知道，噪声污染往往伴随着汽车尾气等其他类型的污染，很难在实际生活中把两者区分开来。WHO的专家们借鉴了当年调查吸烟危害时采用过的统计方法，这个方法建立在一个合理的假设之上：如果噪声确实有害，那么有害的程度应该和噪声的强度成正比。

有了这个假设，科学家便可以调查生活在不同噪声强度（而尾气水平类似）的人群的健康状态，然后通过适当的统计方法推算出噪声的危害度。统计结果显示，人类的身体根本无法适应工业化造成的环境噪声的变化，噪声污染的危害远比人们预先猜想的更加严重。WHO将在今年推出一个新的噪声评定标准，为各国政府制定新的噪声控制政策提供可靠的理论基础。

（2008.4.21）

高科技小道消息

当政府和媒体失去公信力的时候，小道
消息就会乘虚而入。

俗话说，谣言止于智者。在这个提倡言论自由的互联网
时代，智者的作用就更加重要了。

2002 年夏天，西方媒体曝出一条特大新闻。有个名叫
欧文·科什（Irving Kirsch）的心理学教授在分析了制药厂
提供的一批临床试验数据后得出结论说，抗抑郁药的疗效和
安慰剂没什么区别。

按照流行的说法，抑郁症是西方的世纪病。

截止到 2002 年，英国服用抗抑郁药物的人数比十年
前增长了 2.5 倍。法国服用抗抑郁药物的人数占人口总数
的 3.5%，比十年前增加了一倍。而在美国，有 11% 的成
年女性和 5% 的成年男性常吃抗抑郁药。一些大制药厂甚
至宣传说，美国有 1/3 的人患有某种程度的抑郁症，需要
服药。

可以想象，当这些数据被公开后，引起了很多民间团体
和个人的反感。他们指责制药公司为了盈利伪造数据，却苦

于没有过硬的证据。科什教授的这篇"高科技"论文就是在这种背景下出现的，结果一炮打响，关于此事的报道如雨后春笋，几乎所有西方媒体都参与了进来。

如果你每天都要遵医嘱吃一种药片，可报纸却告诉你说这药没啥效果，你会怎么办？果然，这轮报道过后，抗抑郁药销量大减。一年下来，不少抑郁症病人病情加重。根据权威统计，起码在美国，2003 年因患抑郁症而自杀的青少年人数在最近的十年里第一次上升了。

2008 年 3 月 31 日，一位名叫马克斯·潘波顿（Max Pemberton）的英国医生终于站出来说话了。他在《每日电讯报》上撰文指出，虽然科什教授那篇论文充满了复杂的统计学数据，可那篇文章发表在一本名为《预防与治疗》（*Prevention & Treatment*）的三流杂志上，作者本人是服务于英国赫尔大学（University of Hull，英国排名第 49 位）的心理学家，崇尚心理疗法，讨厌那些因为手里有处方权而乱开药的精神科医生。更重要的是，这篇论文的分析方法有很多漏洞，他只分析了一部分抗抑郁药，也没有统计所有的临床试验数据。另外，他对统计数据的解释也值得商榷。就在 2007 年，一篇类似文章发表在著名的《新英格兰医学杂志》上，作者采用了相同的统计方法，却得出了和科什教授完全不同的结论。

值得深思的是，西方媒体却没有报道这篇文章。潘波顿认为，西方媒体喜欢制造恐怖气氛，只有这样才能引起读者注意。不过，潘波顿也承认，滥用抗抑郁药物的情况确实存在，但是病人不能从一个极端走向另一个极端，最好的办法就是听医生的话，按照不同情况选择最合适的方法。

问题在于，如今不少医生都自觉不自觉地得到了制药厂的好处，病人很难轻易相信他们的话。在这种大环境下，必须有一批不隶属于任何机构的独立科学家挺身而出，国家级医疗研究机构也必须在适当的时候出来发言，否则，类似的高科技小道消息就不可能被禁止。

就在 2008 年 3 月，被誉为"互联网第一大报"的《赫芬顿邮报》（*Huffington Post*）曝出一条特大新闻：美国政府答应和一对夫妇庭外和解。这对夫妇把美国政府告上法庭，指责政府强制推行的儿童免疫计划把他们的女儿变成了自闭症患者。

这件事意义深远。要知道，近年来美国民间一直盛传疫苗中使用的防腐剂硫柳汞（Thimerosal）能导致儿童患上自闭症。可是，美国卫生部等国家科研机关经过多年研究后却没有发现任何相关证据。不过，为了安抚民心，美国政府仍然决定采用高价替代品。事实上，自从本世纪初开始，绝大部分疫苗都不用硫柳汞了，可是儿童自闭症的发病率却没有因此下降。于是，近两年美国国内的反疫苗浪潮渐渐平息了下去。

《赫芬顿邮报》曝出的这条小道消息却再一次把这个话题炒了起来。经过多方调查后得知，这对夫妇是在 2000 年为自己才 18 个月大的女儿接种了九种常规疫苗（其中只有两种含有硫柳汞），此后她就每况愈下，很快显出自闭症的征兆。可是，通过基因分析发现，她带有一种十分罕见的基因突变，造成她体内的线粒体效率降低。线粒体是人体所有生理活动的能量来源，线粒体出毛病的儿童患自闭症的概率非常高。小孩的父母虽然知道这一点，但他们坚持认为，疫苗接种诱发了自闭症的出现，美国政府仍然有责任。

这个官司打了六年。2007 年 11 月，美国政府决定庭外和解，并对外封锁消息，除当事人之外，没人知道和解的原因，也没人知道赔偿金的数量。可是，纸里包不住火，这件事最终还是被人捅了出来。《赫芬顿邮报》挖出了许多细节，公布到网上，这个案子立刻被疫苗反对者们视为一次划时代意义的伟大胜利。

这些反对者不愿正视的是，美国政府雇用的科研人员，以及全世界大部分科学家仍然坚持认为这只是一次未被证实的特例，毕竟这种基因突变在全世界只发现了五例。而这对夫妇在拿到赔偿金后也对媒体承认，他们仍然支持美国的疫苗接种制度，自己的孩子只是不走运罢了。

问题在于，美国政府有关人士至今仍未对庭外和解的真正原因做出解释。于是，这件事让很多家有自闭症孩子的父母看到了一丝希望。要知道，以疫苗导致自闭症为由起诉美国政府的案子目前有将近 5000 例！更严重的是，这件事让很多孩子的家长对疫苗接种政策产生了疑虑。不少专家警告说，如果健康的孩子因为怕得自闭症而拒绝接受疫苗接种，后果将是灾难性的。

美国政府的沉默，再一次助长了一条小道消息的传播。

（2008.5.12）

健康信息

关于自己的健康状况，真的是知道得越
多越好吗？

假如你刚刚登上一架飞机，朋友就给你发短信说，一架
同样型号的飞机刚刚坠毁了，你会怎么想呢？估计大部分人
心里都会有点硌硬吧？

其实，不管你心中暗暗祷告了多少回，一旦上了飞机你
就无法改变自己的命运了。所以，你的朋友虽然向你提供了
一个准确的信息，但却对你一点用处也没有，反而让你毫无
必要地紧张起来。

这件事说明了一个道理：有时候过多的信息反而是有害
的。比如，很多患有糖尿病的人都会经常自测血糖，最近这
个做法遭到了质疑。2008 年 4 月，北爱尔兰一家健康信托
基金会的一个研究小组在《英国医学杂志》(*British Medical
Journal*) 上发表了一篇研究报告，证明对那些不需要胰岛
素治疗的 II 型糖尿病病人来说，使用血糖仪没有任何帮助。
他们选择了 184 位刚被诊断出患有 II 型糖尿病的病人，把他
们随机地分成两组，一组随时用血糖仪监控自己的血糖水

平，另一组则不给血糖仪。科学家对两组病人跟踪了一年，定时检测他们的血糖水平和心理状态，结果发现两组病人的血糖水平没有区别，但定期使用血糖仪的那组病人普遍比对照组更加焦虑，严重时甚至影响了他们的日常生活。

无独有偶，2007年牛津大学的科学家也进行过一次类似实验，那次研究调查了453名Ⅱ型糖尿病病人，结果也证明自测血糖对病人没有帮助。病人只要按照医生的要求，加强锻炼，控制饮食，无论是否使用血糖仪，结果都是一样的。

英国国王大学公共卫生教授马丁·吉尔弗德（Martin Gulliford）在评价这两篇论文时指出，即使自测血糖对病人的心理没有影响，也会造成不必要的浪费，病人完全可以把这笔钱投在别的地方。

这种浪费在经济学术语里叫作"机会成本"。别小看了这笔钱，随着科技发展，医疗检测仪的种类也越来越多，从血糖到胆固醇，从排卵日期到精子数……几乎人体的任何功能都有了便宜的检测方法。目前，欧美国家有一大批所谓的"家庭护理"公司，都宣称能提供几十种非常规检测，这些公司会经常做广告，建议正常人去做这些测试。于是很多人出于好奇，花了很多钱，得到了一大批关于自己身体状况的数据。这些数据是否都有用呢？这就难说了。

自测血糖就是一个很好的例子。有时候，知道太多反而有害。

值得一提的是，在这些测试项目中，有一种项目争议很大，这就是基因检测。2008年3月，美国加利福尼亚州一家生物技术公司宣布，他们只花了6万美元就测出了一位尼日利亚男性的整个基因组顺序（不包括人工费）。科学家们预测，按照这个进度，在不远的将来任何人都可以只花一辆汽车的价钱测出自己的整个基因组。

那么，知道自己的基因顺序有用吗？对某些人来说，这就意味着生死。英国有个名叫艾玛·奥康娜（Emma O'Connor）的英语教师就是一个很好的例子。她的家族有胃癌史，她父亲有很多亲属都死于胃癌。2003年，她父亲得知这种病有可能遗传，就去做了基因检测，结果发现自己确实携带了E-钙黏素（E-cadherin）基因的突变体，这种突变体会让携带者患上遗传性弥漫性胃癌（HDGC），发病率超过80%。知道结果后，她父亲立刻去医院切除自己的胃，医生发现他胃里已经开始长癌了！艾玛知道这个消息后，也去做了检查，得知自己也不幸携带了这个基因，于是也果断地切除了自己的胃。而那时她还只有27岁，照理说还不到得癌的年纪，为了保险起见，她宁愿选择没有胃过一生，也不愿冒生命危险。

现在，艾玛虽然需要依靠胃管进食，但起码她不用担心得胃癌了。基因检测救了她一命。

艾玛的例子并不是特例，著名的BRCA基因是另一个例子。这个基因的突变体会大大提高携带者患乳腺癌的概率，如果你有家族史，医生一定会建议你去检查一下是否带有这个基因突变体。

2008年4月30日，美国参议院刚刚通过了一部法律，禁止雇主或保险公司获取个人的基因信息。美国之所以要通过这个法律，就是为了鼓励个人去做基因检测，因为基因序列确实可以告诉你很多关于自己身体的秘密，但是如果有人非法地利用了这个信息，很多人恐怕就不敢做了。

当然了，像BRCA基因和E-钙黏素基因这样极端的例子目前还不多见，大多数有害基因的作用都十分有限，基因检测的结果只会给出一个"百分比"，比如带有A基因的人患A病的概率是X%。测试者必须能正确理解这些统计数字，否则的话很容易产生负面效果。

其实，任何关于自身健康的信息都是如此。仅仅知道某个数据是没用的，还必须明白其中的道理，否则就无法正确地利用这些信息。这就好比说，如果你知道飞机的事故发生率小于一百万分之一，远小于火车的事故发生率，你就不会为朋友告诉你的那个飞机失事的消息担忧了。

（2008.5.19）

今夏流行"人字拖"

今年夏天流行穿什么鞋？答案是：人字拖。

虽说"人字拖"可称得上是"世界上最简单的鞋"，但里面的学问可真不少呢。

先从历史学说起吧。西方人认为人字拖起源于新西兰，这并不完全正确。上世纪40年代末，一个名叫约翰·考威（John Cowie）的英国人在香港地区开了家工厂，为当地人生产塑料人字拖。1957年，一个名叫莫里斯·约克（Morris Yock）的新西兰商人把考威生产的塑料人字拖进口到新西兰，并申请了专利。很快，这种廉价而又方便的拖鞋在热爱冲浪的新西兰人当中流行开来，并从这里传遍了整个西方世界。

约克沿用了考威的叫法，把这种人字拖叫作"Jandal"，就是把英文"Sandal"（凉鞋）前面的字母"S"换成了"J"，代表这是一种来自日本（Japan）的样式。事实上，早在"二战"时，盟军士兵就发现日本兵用报废的轮胎做成的人字拖非常适合热带气候，便开始效仿。这一切都说明，人字拖的设计灵感最早肯定来自日本，确切地说，来自日本的草履。日本草履用软木、塑料、皮革或者草梗制成，穿和服时一般都配以草履，比木屐更正式一些。

日本人进屋都要脱鞋，草履的优点不言而喻。在西方，早期的人字拖只在海边的居民当中流行，道理也是如此。海边象征着什么？无非是休闲、浪漫、随意……还有富裕。只有有钱人才能买得起海边的房子，然后整天无所事事地穿着人字拖漫步沙滩，不是吗？但是，情况逐渐发生了变化。在如今的西方国家，一到夏天，年轻人几乎人"脚"一双人字拖，不少人穿着它上学，甚至上班，孩子们也喜欢穿着它在草地上打闹玩乐。2005年，美国西北大学女子曲棍球队的几名队员甚至穿着它去白宫和布什总统会面，这事在当年还曾引起过不小的争议。

穿过人字拖的人都知道，这种鞋走不快，更不适合跑步，为什么还有那么多人穿它？这就是心理学研究的课题了。答案是显而易见的：人字拖代表了新兴富裕阶层的价值取向，他们不再依靠名贵首饰来宣扬自己的富有，而是更喜欢炫耀自己常去海边度假。于是，"西装＋皮鞋"逐渐被"沙滩裤＋人字拖"取代，成了年轻人的时髦打扮。

时尚永远是舒适或者健康的死敌，这一点只要问问那些穿高跟鞋的女士就行了。人字拖看似舒适，其实并不健康：人字拖让脚指头失去了保护，很容易发生磕碰；人字拖没有鞋帮，容易崴脚。更要命的是，越是时髦的人字拖，鞋底越薄，容易伤到下肢的关节和肌腱。

"我们发现有越来越多的学生过完暑假回到学校后抱怨小腿疼。"美国奥本大学（Auburn University）运动生理学教授温迪·魏玛（Wendi Weimer）说，"我们怀疑这是人字拖在作怪，就设计了一项实验，研究了人字拖对走路方式的影响。"

这还用研究？自己穿上人字拖试不就得了？不行。这是科学，必须有大量的实验数据才能说明问题。魏玛教授和她的研究生们招募了39名志愿者，让他们分别穿上普通球鞋和人字拖，在一块特制的测量板上行走，测量足底触地时的力度。研究者们同时用录像机记录志愿者的步伐和步态，并加以比较。结果发现，人字拖会让人的步幅变小。与此同时，人的脚趾为了钩住人字拖，必须始终绷着，这样就增大了脚趾和脚面之间的夹角，其结果就是原本由脚跟承受的压力不得不向前移。如果经常用这种方式走路，就会造成小腿肌肉酸痛，严重的甚至会诱发足底肌膜炎（Plantar Fasciitis）。

这项研究的结果在2008年6月初举行的全美运动医学年会上一经公布，立刻受到西方媒体的广泛关注。虽然医生们不约而同地指出，这项结果并不是要大家扔掉人字拖，而是尽量避免穿人字拖走长路，但是，许多人字拖爱好者不以为然地评论说："老祖宗连鞋都不穿，不也都活得好好的？"对此说法，加拿大"巴塔鞋博物馆"（The Bata Shoe

Museum）馆长伊丽莎白·塞莫哈克（Elizabeth Semmelhack）女士认为，祖先们从小就打赤脚，所以他们的脚锻炼得比现代人更结实，可现代人从小就习惯了穿鞋，脚部缺乏锻炼，如果突然赤脚，或者穿不舒适的鞋子走路，就会不适应。

"人类很可能早在 4 万年前就发明了'鞋'。"塞莫哈克女士补充说，"因为考古证据表明，人类的脚趾骨从 4 万年前就开始变弱了。"

你看，要想真正理解穿鞋的必要性，学点进化论也是有用处的。

英国《每日电讯报》为这种说法提供了另一个论据。该报不久前发表文章称，人字拖使英国人患肢端黑素瘤（Acral Melanoma）的比率大大增加。这种发生在脚部的恶性肿瘤死亡率非常高，而过度的日晒是这种病的主因。英国天气冷，英国人平时没有穿拖鞋的习惯，可一到夏天，或者度假的时候，很多人都脱了袜子穿上人字拖，把捂了大半年的白脚暴露在强烈的日光下，结果就很不美妙了。

这就是物极必反的道理。

看来，要想知"足"常乐，还得学点辩证法。

（2008.7.7）

包皮：割还是不割？

全世界做得最多的外科手术是哪一种？

答案是：包皮环切术。

古语云："身体发肤，受之父母。"中国古老的文化习俗
中对身体的"定向改造"只限于文身、裹脚或者扎耳朵眼
儿。但在世界其他一些地方，这种改造往往进行得更激烈，
尤其是针对生殖器实行的割礼，更是让国人大呼不解。

针对男性的割礼，医学上叫作包皮环切术（Circumcision）。
犹太人的先祖把割礼写进了犹太法典，每一个犹太男孩在出
生后的第八天都要实行割礼，这是犹太男人的身份象征。割
礼虽然没有出现在《古兰经》里，但伊斯兰教也有这个习
俗。据世界卫生组织（WHO）的统计，全世界有 30% 左右
的男人做过包皮环切术，其中超过 2/3 的人是穆斯林。

一对现世的生死冤家，没想到却在"根儿"上达成了
一致。

更有趣的是，亚历山大大帝一统江山的时候，曾经禁止
犹太人行割礼，因为古希腊人认为男人脱光了衣服还不叫裸
体，只有把包皮翻下去露出龟头才算，割礼等于永远让男人

光着，是不允许的。

那么，为什么老祖宗总喜欢跟包皮过不去呢？现代人对此有多种解释。有人认为割礼是男孩的成人礼，有"开包"的意思。也有人认为古代洗澡不方便，割了包皮有助于清洁卫生。但是，联想到一些古代部落对女人的割礼几乎可以肯定是为了压抑女人的性欲，不少历史学家相信男人的割礼也一定和性能力有关。美国历史学家罗纳德·伊梅尔曼（Ronald Immerman）就曾写文章说，割礼是为了抑制男人的性欲，好让他们把更多的精力用于狩猎或者和别的部落打仗。

伊梅尔曼的理论看似很有道理，因为包皮富含神经末梢，很难想象它们对性刺激没有反应。甚至还有人分析了性交时阴茎的物理运动，得出结论说包皮相当于一层可移动的缓冲层，有助于减少性交对阴道的摩擦，让爱液分泌不足的妇女不至于感到疼痛。

但是，这一派学说遭到了割礼拥护者的强烈反对。他们也找到了很多试验数据和统计结果，证明割礼对性欲没有影响，对妇女的身心健康也不会构成威胁。可惜的是，人类很可能永远不会知道这个问题的答案，因为科学家们在这个问题上很难设计出一个既准确而又毫无偏见的对照试验。大部分割礼手术发生在男人还是男孩的时候，他们不可能对手术前后的性生活质量做出比较。

在性方面存在的争议并没有影响男性割礼的普及程度，19世纪时的一个意外发现终于让男性割礼在某些西方国家普及开来。1870 年，一位纽约整形外科医生采用割包皮的办法治好了一个小男孩的瘫痪，这个案例在当时引起了很大轰动，并引来不少模仿者。一些充满想象力的医生甚至还总结出一个理论——反射神经病（Reflex-neurosis），这一理论认为生殖器官的神经病变能影响到主神经系统的正常发育，所以那个时候对于很多怪病都是一割了之，如果恰好治好了病，就把功劳归于割礼。

当然，后来的医学发展推翻了这个假说。如今医生们更倾向于认为，包皮不卫生引发的炎症才是真正的罪魁祸首。显然，这个理由并不足以让父母们继续剥夺自己孩子拥有包皮的权利，不过，新的证据又适时地出现了。科学家发现，割了包皮的人患阴茎癌的概率比不割包皮的人低，他们经过计算说，每割 3000 个包皮就能减少一个阴茎癌患者。于是，不少男科医院打着"降低阴茎癌发病率"的幌子开始宣传包皮环切术的好处。可是，也有不少科学家指出，阴茎癌的发病率本来就非常低，用割包皮的办法预防阴茎癌很不划算。另外，很多相关数据都是割礼拥护者计算出来的，方法有误。按照新的计算，大约每割 30 万个包皮才能减少 1 例阴茎癌。

真正在医学界达成共识的是包皮环切术在预防性传染病方面的好处，关于这方面的试验报告有过很多。2005 年，几位英国科学家用关键词搜索的办法找出了 1950 ～ 2004 年所有相关的论文，把数据综合到一起进行了统计分析，最后得出结论说，包皮环切术确实能够降低梅毒和疱疹等性病的传播概率。

艾滋病研究者受此启发，开始在南部非洲试用包皮环切术来预防艾滋病的传播，结果所有的大规模试验都提前中止了，因为初步的分析表明割包皮至少能把传染概率降低一半！这种试验再进行下去，对于对照组的男人太不人道了。

割包皮为什么会有这种神奇的效果呢？澳大利亚科学家S. G. 迈克姆比（S. G. McCoombe）比较了角蛋白（Keratin）层在包皮和阴茎其他部位的厚度，发现包皮内层的角蛋白层厚度是最薄的。角蛋白被认为能阻止表皮细胞吸附外来的病原体（比如艾滋病病毒），缺少了角蛋白的保护，包皮就变成了病毒入侵人体的大门。

不过，也有不少科学家对这项研究的结果表示了担忧。首先，即使切除了包皮，仍然不能百分之百地杜绝艾滋病病毒的传染，却有可能让那些没了包皮的男人误以为自己从此刀枪不入，其结果反而会更糟。其次，在非洲进行的人体试验表明，很多男人会在割包皮手术留下的伤口还未愈合时强行和女朋友发生性关系，结果反而让他们的女友处于更加危险的境地。

总之，割包皮的例子充分说明，当科学遇到宗教，或者某种古老的文化习俗的时候，往往很难获胜，因为科学家很难保持中立，而现实社会中的人性远比科学定律要复杂。

（2008.8.4）

前十字韧带的性别歧视

研究表明，女性的膝盖前十字韧带比男
性更容易受伤。

中国女足明星前锋马晓旭刚刚在 2007 年底拉断了右膝
前十字韧带，又在 2008 年 7 月 30 日进行的一场热身赛中拉
伤了左膝前十字韧带，彻底无缘本届奥运会。无独有偶，中
国女足队员白莉莉、张娜、娄晓旭和潘丽娜都在最近几年先
后拉伤了膝盖十字韧带，对中国队的排兵布阵造成了很大
影响。

据报道，马晓旭的两次受伤都是在无人盯防的情况下，
自己突然倒地不起的。这并不奇怪，在美国进行的一项统计
表明，大约有 70% 的前十字韧带损伤都是在没有身体接触
的情况下发生的。照理说，只要训练得法，这类自发性事故
应该是能够避免的。要想做到这一点，必须先来了解一下事
故的发生原因。膝盖是连接股骨（大腿骨）和胫骨（小腿
骨）的"轴承"，同时又是支撑身体重量的关键节点。股骨
和胫骨之间通过两个半月板相接触，接触面有软骨，可以缓
冲压力。膝盖内部有两根呈交叉状的韧带，分别叫作前十字

韧带（ACL）和后十字韧带（PCL）。前十字韧带可以防止胫骨向前移动，滑出半月板，这就是为什么膝盖只能向前弯曲，不能向后弯曲的重要原因。

膝盖周围还有大量的肌肉和肌腱，它们和两条十字韧带一起把膝盖的位置固定住。如果运动员在奔跑过程中突然变向，或者在落地时身体的位置不正确，就会造成股骨和胫骨之间的错位，将十字韧带撕裂。

据统计，足球、篮球和曲棍球等需要经常变换跑动方向的运动是十字韧带最容易受伤的运动，而女运动员的受伤概率是男运动员的 2 ～ 8 倍。这是为什么呢？

科学家们首先从男女身体结构的差异上找答案。女性的骨盆比男性宽，因此女性在落地的时候双膝有内翻的倾向（俗称内八字），这就会让膝盖承受更大的冲击力，更容易造成脱节，从而损伤十字韧带。

还有人比较了男女膝盖的内部结构，发现女性的髁间窝（Intercondylar Notch）比男性要小。当膝盖伸直的时候，前十字韧带就会和髁间窝发生接触，如果髁间窝不够大，前十字韧带就有可能脱离正常位置，并造成损伤。

前文说了，肌肉和肌腱也可以帮助十字韧带固定膝关节。人的腿部有两组重要的肌肉群，分别是大腿前面的股四头肌和大腿后侧的奈绳肌，它们分别负责腿部的伸直运动和弯曲运动。据研究，女性的股四头肌通常比奈绳肌要发达，而奈绳肌的作用方向正好和前十字韧带是一样的，也就是说，奈绳肌是前十字韧带的帮手。如果帮手不得力，就会累坏主将，这就可以解释为什么女性的前十字韧带比男性的更容易受伤。

近年来，科学家又发现了一个新原因。有人仔细研究了女运动员前十字韧带受伤的时间，发现其中大部分事故发生在排卵期间。美国科学家科特·斯宾德勒（Kurt Spindler）和他的同事们花了三年的时间，研究了 65 名前十字韧带受损的女运动员，通过化验尿液的办法测量她们受伤时所处的生理周期，结果发现，排卵期间发生事故的概率是其他时段的三倍。

那么，排卵期为什么会增加受伤的概率呢？为了搞清其中的机理，美国科学家亚当·布莱恩特（Adam Bryant）设计了一个特殊的实验装置，能够测量女性志愿者的前十字韧带的伸缩性，以及膝盖附近的肌肉群的结实程度。结果发现，前十字韧带的伸缩性不会随着女性月经周期的变化而变化，但是肌肉收缩的强度却有明显的变化，女性排卵期间的肌肉强度最弱。

众所周知，排卵期间女性体内的雌激素含量达到最高峰，布莱恩特猜测肌肉的强度变化可能和雌激素有关。为此他特意找来一批志愿者，她们因为服用一种口服避孕药造成体内的雌激素水平不随周期而变化。测量结果发现，这些志愿者的肌肉强度在一个月内变化不大。

科学家知道，关节附近的肌肉纤维表面带有雌激素的受体。布莱恩特猜测，正是由于雌激素在捣乱，使得女性在排卵期间膝关节附近的肌肉变弱。这样一来，十字韧带就更容易受伤了。

以前，要想修复十字韧带的损伤，必须先打开膝关节，因此手术的伤口大，恢复时间长。幸运的是，随着关节镜技术的成熟，前十字韧带的修复手术变得十分容易，甚至很难看出伤口。但是，这类修复手术最好的结果也只能恢复90%，运动员，尤其是女运动员，应该加强膝关节肌肉群的锻炼，重视运动前的热身，尽可能防止悲剧发生。

（2008.8.11）

体育锻炼不是万能药

体育锻炼通常会让人心情愉快，但是否一定会让人身体健康呢？答案是：不一定。

小刘是个坐办公室的白领，平时喜欢看球，自己却很少运动，年纪轻轻就开始发福。奥运会结束后，小刘被各国运动员健美的身体所触动，重新开始锻炼身体，发誓尽快把身材恢复到大学时的样子。于是，他每天下班后都要去公园里跑上5公里，还买来哑铃练习举重。可是，坚持了一个多月，小刘发现自己肚子上的赘肉一点也不见少，肱二头肌也没练出来，倒是双腿越来越疼，膝盖也开始出现问题。

像小刘这样的人有很多，他们的错误在于过高估计了体育锻炼的好处。越来越多的证据表明，体育锻炼并不一定就能减肥，增加肌肉，或者减少各种慢性病的发病率。

拿减肥来说，体育锻炼确实能消耗热量，但是，对一个体重在70公斤左右的人来说，匀速慢跑3公里消耗的热量大概为200卡路里，只相当于一罐可乐的量。所以说，光靠锻炼减不了肚腩，必须同时节制饮食才行。

那么，举重能否增加肌肉呢？答案也是不一定。体操运动员健美的肌肉一定会让很多人羡慕，但那是经过多年艰苦训练才得来的，普通人要想练出那样的肌肉，并不是一件容易的事情，有的人无论怎么刻苦训练，都达不到满意的程度。这是为什么呢？美国马萨诸塞大学的科学家曾经进行过一个试验，试图回答上述问题。他们找来 585 名志愿者，在技术人员的监督下每天进行大运动量负重训练，专门练习左臂（左撇子则练习右臂）的肱二头肌。三个月后，研究人员测量了志愿者的肌肉力量，并用核磁共振的方法测量了志愿者肱二头肌的横截面面积，结果发现肌肉爆发力的增长幅度在 0 到 250% 之间，肌肉横截面面积的增长幅度在 –2% 到 +59% 之间，增长幅度的个体差异相当明显，有的人的肱二头肌横截面增长幅度超过 10 厘米，有的人却出现了负增长。

换句话说，不同人对体育锻炼的反应是不一样的。肌肉体积的增长受激素的影响很大，而激素的分泌则与遗传因素有很大关系，有的人只要稍加训练就能收到明显成效，有的人却怎么练也练不出"块儿"。

如果你不想练块儿，只想提高身体素质呢？研究发现，锻炼的效果同样是因人而异。现任美国路易斯安那州立大学生物医药研究中心主任的克劳德·伯查德（Claude Bouchard）博士曾经在 1982 年做过一个试验，研究了体育锻炼对提高人的身体素质的效果。他从 109 名志愿者中选择了 30 名 18 ～ 30 岁的美国人，这些人平时从来不锻炼，他让这些人每周锻炼四次，每次50分钟，强度以心跳达到最高限度的85%为准。20周后，伯查德博士测量了他们的速度、耐力、脂肪厚度和肌肉体积的变化幅度，发现了很大的差异。

志愿者的综合身体素质的变化同样差异明显。伯查德博士把身体吸收氧气的能力作为衡量身体素质的一项重要指标，通过20周的高强度训练，志愿者吸收氧气的能力平均提高了400毫升，但增长范围在0～1000毫升之间，差异同样巨大。

接下来，伯查德博士扩大了研究范围，动员家庭成员一起参加试验，结果发现同一家人对于体育锻炼的反应程度往往十分相似，这一点在同卵双胞胎身上尤其明显。伯查德博士得出结论说，人的身体对体育锻炼的反应具有遗传性，有的人经过训练后身体素质提高很快，有的人天生就慢很多。

小刘不幸就属于那些对体育锻炼反应较差的人，这些人在经过一段时间锻炼后没有见到实效，很容易产生急躁情绪，一味加大锻炼强度，结果反而对身体造成了伤害，最后不得不放弃。事实上，过度锻炼是初练者最容易犯的错误，高强度的运动肯定会对运动者的肌肉组织、结缔组织和关节造成一定程度的伤害。

所以，在你开始进行体育锻炼之前，一定要给自己定下一个适当的目标，不要对锻炼效果过分苛求。同时，体育锻炼一定要循序渐进，锻炼强度不要增加过快，初练者最好隔天运动一次，给身体一定的时间恢复。如果找不出大块时间锻炼身体，也可以尝试每天进行一次短时间高强度的锻炼，效果往往比每天都进行长时间低强度的锻炼要好。

　　总之，体育锻炼并不一定能让你保持健康，还必须辅以良好的饮食习惯和作息制度才能奏效。

（2008.11.24）

恼人的时差

如果你实在忍受不了倒时差的痛苦，那就在睡觉前服用一点褪黑素吧。

时差反应的英文叫作 Jet Lag，意为"因乘坐喷气式飞机造成的延误"。从这个名字可以看出，在喷气式飞机出现之前，人类从不需要倒时差。

人之所以对时差有反应，说明人体内存在两个时钟：一个是太阳钟，以光线的强弱变化为基准；另一个是生物钟，按照人体的内部节律进行调整，和外界刺激无关。正常情况下，这两个钟的节律基本一致，所以人才会日出而作，日落而息。但是，如果人乘坐喷气式飞机向东西方向飞行，在很短时间里跨越几个时区，这两个钟就不一致了。于是，原本按照生物钟的指示到了该睡觉的时间，头顶却是艳阳高照，太阳钟命令你起床干活，两种矛盾的信息同时出现在体内，就会导致各个器官不知所措，出现诸如疲倦、焦虑、易怒、头晕甚至便秘等症状。

那么，人体内为什么会有两个时钟呢？这个问题目前尚无明确答案。有人认为，这是为了让居住在日照时间变化巨大的高纬度地带，或者由于某种原因需要长期待在洞穴里的人能和大自然的周期保持同步。

事实上，科学家正是用"洞穴法"来研究人体生物钟的。具体说，就是让志愿者在恒温的封闭房间里住上几星期，不给他任何外部信息，甚至连送食物的时间和屋外的噪音都必须完全随机。科学家用这个方法测出人类的生物钟平均为 24 小时零 11 分钟，没人知道为什么会多出这一点。

生物钟是可以按照太阳钟来调整的，但是，由于原始人根本没有必要调整生物钟，没有必要进化出一套很好的调整生物钟的机制，所以现代人在倒时差的时候才会如此难受。

经常出国的人都知道，倒时差的能力因人而异，有的人只需要一天就能倒过来，有的人甚至一个星期都不能完全适应新环境。有趣的是，倒时差的难易不但和时差的大小有关，还和时差的方向有关。同样是长途飞行，飞美国和飞欧洲的结果是很不一样的。大多数旅行者都会同意，向东飞（飞美国）倒时差更难些。

关于这个问题，美国军方曾经在 1983 年做过一个测验。他们统计了派驻德国的美军士兵倒时差所需要的时间，结果发现，从美国本土向东飞到德国的士兵平均需要八天才能完全适应当地的时间，而从德国向西飞回美国本土的士兵平均只需要三天时间就能把时差倒过来。

不过，聪明人肯定一眼就能看出这个试验存在的问题。对美国士兵们来说，飞德国是出差，飞美国是回家，两者对他们的心理暗示作用是很不一样的，很可能造成了两者在倒时差方面的巨大差别。于是，美国波士顿的三名科学家决定用更加严格的方法检验一下这个假说是否可靠。他们找出19支美国职棒大联盟球队，根据东西海岸分成两组，统计他们在三年内和对方交手的胜率和得失分率。结果发现，如果一支球队刚刚从西海岸飞到东海岸参加比赛，那么该队平均每场多失1.24分，但是，如果一支球队刚刚从东海岸飞到西海岸参加比赛，则该队的平均失分没有变化。试验者认为，美国的东西海岸在各方面都非常相似，两者的差别只能用倒时差的效应来解释。

为什么会这样呢？该试验的组织者、美国马萨诸塞大学医学院的威廉·施瓦兹（William Schwartz）教授解释说，因为人体的生物钟通常要比24小时多一点，也就是说，如果让一个人每天晚睡一点，要比让他每天早睡一点更加容易。从旅行的角度，向东飞等于强迫旅行者早睡，一般人很难睡着，但向西飞等于强迫旅行者晚睡，很多人在日常生活中都有类似经验，所以比较容易适应。

时差倒不过来怎么办？有的人会想到用安眠药，但是，市面上出售的很多安眠药都有副作用，服用不慎还会成瘾，因此制药厂正在积极开发更加安全的倒时差药。2007年5月，一个阿根廷的研究小组用仓鼠做试验，发现服用少量伟哥有助于加快倒时差的速度。研究者认为，伟哥能够提高仓鼠体内一种名为 cGMP 的小分子的含量，这种分子被认为可以帮助哺乳动物调整生物钟。

如果说这个试验有点开玩笑的意思，美国波士顿一家医院的科研人员刚刚在 2008 年 12 月出版的《柳叶刀》杂志发表了一篇论文，证明一种名为 Tasimelteon 的新药可以帮助受试者更好地倒时差，而且没有副作用。但是，这个试验是由研发该药的厂家资助的，还需要有更多的独立机构加以检验才会令人信服。

此前，旅行者可以吃什么药呢？很多人不约而同地选择了褪黑素，因为这种药较为安全，在美国一直被作为保健药出售，无须医生处方。但是，褪黑素的药效一直存在争议，没有定论。2005 年，美国麻省理工学院（MIT）的科学家曾经对国际上已经发表的 17 篇专业论文进行了综合统计研究，结果发现褪黑素确实有效。

褪黑素是一种人体自身就有的催眠激素，无法申请专利，因此没有制药厂会在它身上下功夫。从目前的研究结果看，在没有更合适的选择之前，如果你实在忍受不了倒时差的痛苦，那就在睡觉前服用一点褪黑素吧。

（2008.12.15）

抖腿是恶习还是疾病？

抖腿不是一种好的生活习惯，但你愿意
花钱买药去治它吗？

　　大家在生活中肯定都遇到过爱抖腿的人，他们只要一坐下来，腿就开始不停地上下抖动。提醒他一句会让他停几分钟，可不一会儿他准会又抖起来了。如果你不幸和他共用一条凳子，那就只能把它想象成免费按摩椅，除此之外别无他法。

　　民间关于抖腿有很多说法，有人认为爱抖腿的人神经质，有人说爱抖腿的人都有手淫习惯，甚至还有不少人认为抖腿相当于做运动，能消耗热量，是个减肥的好方法。持有这种想法的人还会信誓旦旦地向你保证说：爱抖腿的一定是瘦子。其实这些说法都毫无科学根据，你只要注意观察一下就会发现，周围有这毛病的已婚人士和胖子大有人在。

　　不管怎样，通常大家只会把抖腿当作一个坏习惯，没人会想到去医院治疗。但在 2003 年，欧美各大主流媒体上出现了一批文章，首次向公众介绍了一种名为"抖腿综合征"（Restless Legs Syndrome）的新病，而且欧美人的患病比例高达 10%！得这种病的人不但在社交场所显得不礼貌，还会严重影响自己以及同床同伴的睡眠质量。接着，媒体记者们告诉读者，得此病的人不用害怕，一种名为"罗匹尼罗"（Ropinirole）的药物可以治好这种病。这种药是由葛兰素史克制药公司研制出来的，其主要成分是一种多巴胺激动剂。此药原本用来治疗帕金森病，这次转型被认为是开发药品第二春的一个成功案例。

2005 年，美国 FDA 正式批准了"罗匹尼罗"用于治疗"抖腿综合征"，算是为这轮长达两年的宣传攻势画上了一个圆满的句号。从此"罗匹尼罗"的销量直线上升，为葛兰素史克赚了大钱。2008 年 5 月"罗匹尼罗"的专利到期，FDA 又批准了一种仿制药上市，继续支持这个市场。

有两位医生看不下去了。美国达特茅斯医学院的史蒂文·沃洛辛（Steven Woloshin）和丽萨·施瓦兹（Lisa Schwartz），于 2007 年在《公共科学图书馆》（*Public Library of Science*）杂志上发表了一篇文章，详细分析了这次媒体宣传攻势的前因后果，指责记者们被葛兰素史克公司误导了，写文章不负责任。

两位作者分析了 2003～2005 年发表在欧美主流媒体上的 33 篇关于"抖腿综合征"的报道，发现只有一篇文章质疑葛兰素史克公司关于这种病的定义，其余报道都严重夸大了此病的发病率，认定美国有 1/10 的人得了"抖腿病"，但这个数据只是来自一个小规模的普查，调查者往往只问一个问题就为患者定了性，其结果显然不可靠。

按照美国国立卫生研究院（NIH）的说法，要想确诊"抖腿综合征"，患者必须满足四个条件，缺一不可：

1. 患者腿部有不适的感觉，必须靠抖腿来缓解。

2. 患者静止不动时这种不适感觉就会加剧。

3. 这种不适感觉在患者运动起来后就会好转。

4. 症状在夜晚比在白天更严重，会影响患者的睡眠。

一项最新的大规模电话普查显示，只有7%的受访者同时满足这四个条件，而只有2.7%的人每周有超过一次的发作严重到影响睡眠质量的程度，只有这些人才适合接受药物治疗。两位作者甚至认为这两个数字仍然偏高，因为电话调查存在一个明显的漏洞，愿意花时间接受这种调查的人恐怕都是已经怀疑自己有症状的人，所以阳性的比例肯定会偏高。

那么，如果确诊得了抖腿综合征，是否一定要接受治疗呢？大部分媒体没有告诉读者的是，接受"罗匹尼罗"治疗的患者有73%病情出现了好转，但吃安慰剂的病人这个比例也高达57%，不比"罗匹尼罗"差多少。但是，吃这种药却有很多明显的副作用，包括恶心、头晕、嗜睡和易疲倦等。知道了这些情况，你还愿意吃药吗？

在那篇文章的最后，两位作者得出结论说，人们在一生中肯定会有这样那样的不适，很多时候这些不适都是暂时性的，不需要治疗。"抖腿"这个毛病很难准确定义，其机理也没有搞清，这种情况很容易被制药公司利用，通过大规模宣传，把一种不适感包装成一种需要治疗的疾病，以便推销更多的药物。

话虽这么说，但确实有一部分人抖腿的毛病严重到影响睡眠质量的程度。那么，到底严重到什么程度才应该接受治疗呢？

要想准确地回答这个问题，必须首先搞清抖腿的发病机理。可惜医学界关于这个问题的看法远没有达成一致，有人认为贫血会导致抖腿，有人认为肾脏不好才是病因，还有人认为抖腿病人的神经系统出了毛病。但这些似乎都是外因，因为科学家发现，抖腿有明显的遗传倾向。

2007 年，来自德国和冰岛的两组科学家几乎同时宣布找到了抖腿基因。他们利用先进的基因位点分析技术，分析了有家族遗传史人的基因型和正常人之间的区别，找到了三个和抖腿有关的基因变异。

进一步分析表明，欧美人种中大约有 65% 的人至少带有其中一种基因变异，这说明抖腿和基因的关系并不是一对一的关系，而是需要环境因素的刺激才能表现出来。目前科学家正在加紧研究，争取早日找出真正原因，让那些确实应该接受治疗的病人得到最有效的治疗。

（2009.1.19）

搭桥还是撑伞？

防治冠心病有了两种新武器，到底选择
哪种武器却是一件让人头疼的事情。

老张今年 70 岁，平时十分注意保养，身体一直很健康。去年单位组织退休职工体检，医生为老张做了例行的冠状动脉造影检查，发现了几处狭窄病灶，最严重的一处阻塞程度超过了 60%。

如果这件事发生在 50 年前，老张只有服药一个办法。但是，治疗冠心病的特效药直到今天仍然没有被发明出来，服药只能减缓病情，无法从根本上解决问题。

上世纪 60 年代，美国医生发明了心脏搭桥手术，就是为阻塞的血管开一个"旁路"。不用说，这种手术需要打开胸腔，手术过程复杂，不到万不得已，病人轻易不愿采用。

上世纪 80 年代，医生们又发明了金属支架。这东西就像一把伞，医生先在病人大腿或胳膊处的血管上开一个小口，把这把"伞"沿血管送进心脏，然后在发生阻塞的病灶把"伞"撑开，维持血管畅通。这种方法无须开心手术，创口小，病人恢复快，几乎当天就可以下床活动。但是，使用了一段时间后医生们发现，病人的免疫系统会对这个外来物发动攻击，造成血管再次阻塞。于是，又有人发明了药物支架，就是在金属裸支架的外面包一层"外衣"，里面装上抗凝血和抗细胞生长的药物，让药物在体内缓慢释放出来，防止在支架处结痂，再次阻塞血管。2003年，美国FDA批准了这种新型药物支架上市，立刻被誉为冠心病防治领域的一次革命。目前仅在美国每年就有将近100万人安装药物支架，心脏搭桥手术的数量则降到了50万例左右。

当医生向老张介绍了支架手术后，老张欣然同意了安装支架，并遵医嘱每天按时服药，控制饮食。半年下来，心血管系统毫无问题，但他却对每天服药这件事感到有些厌烦。这是一种抗凝血药，其副作用会导致内出血，因此老张不得不处处小心，生怕一旦出血就止不住。

有一天，老张无意中看到一条新闻，说国外一项临床试验表明，心脏药物支架可因诱发血栓而导致死亡和心梗发生率明显增加。相比之下，搭桥手术虽然做起来麻烦，但预后效果更好。这下老张扪心自问：难道当初贪图安逸的选择错了吗？

老张的例子不是个别现象。据统计，2006年全中国一共做了11万例支架手术，2008年这个数字就增长到了18.8万例，两年内增长了70%。国外也是如此。但近几年来陆续有报道质疑支架手术的必要性，甚至有人开始怀疑这股风潮是支架制造公司和医生之间玩儿的一个猫腻。

不过，说起阴谋论，"撑伞"和"搭桥"这两个阵营都逃不了干系。"撑伞者"固然有可能受贿，"搭桥者"也有巨大的利益牵连。据统计，美国心脏外科医生的年收入已经由1990年时的102万美元下降到现在的42.5万美元，其中最大的原因就是病人更多地选择用支架，降低了手术费用。

由此可见，任何偏激的言论都不可轻信。病人应该请教两方面专家，综合考虑双方的意见。目前医学界的主流意见认为，除了糖尿病患者不适合做支架手术外，其余大部分情况下两种手术的综合效果是非常相似的，医生应该根据病人的具体情况做出具有针对性的建议，不必厚此薄彼。

真正值得讨论的问题是：究竟该不该为身体健康的老张做心脏手术？美国心脏协会建议，如果患者只有一处血管阻塞，通常没有必要做手术，只需通过改变饮食习惯来控制病情发展即可。目前绝大多数临床试验也都表明，无论是"撑伞"还是"搭桥"，病人的平均寿命都和不做手术没有区别。

国外甚至有医生建议，如果本人身体健康，就连冠状动脉造影检查都不要轻易去做。"做这种检查之前应该先问一下医生：依靠药物和饮食习惯的改变是否足以控制病情？"美国斯坦福大学的心血管专家马克·哈特基（Mark Hlatky）警告说："因为你一旦做了检查，就会禁不住想去做手术。"

老张的情况就是这样。当他看到片子上的阻塞后，手术就注定不可避免了。不过既然做了手术，就不必想太多。毕竟全中国每年死于心肌梗塞的病人超过50万，未雨绸缪也是应该的。

（2009.4.6）

阳光争夺战

维生素 D、癌症、兔唇、叶酸、胆固醇、
高血压……它们都和阳光有一定的联系。

晒晒更健康

2007 年最热门的维生素无疑是维生素 D，不少科学杂志都在年终盘点时提到了它的名字，并纷纷把它列为年度最有价值的科学发现之一。

就在几年前，维生素 D 还是维生素家族里最默默无闻的一名成员，因为人类无须从食物中摄取它，只要晒晒太阳就行了。阳光中的 B 型紫外线（波长在 320nm 至 280nm 之间）能帮助人体合成维生素 D，一个浅色皮肤的人在低纬度的强烈阳光下晒上一天，就可以生产出高达 2 万国际单位的维生素 D（每 40 国际单位相当于 1 微克）。相比之下，世界卫生组织（WHO）推荐的每日摄取量才仅有 400 国际单位。也就是说，一个人每天只要在烈日当空的时候晒上 10 分钟，就能满足一天的需要。

那么，维生素 D 到底有什么用呢？科学家最先搞清楚的是：它能帮助人体更好地吸收钙。缺乏维生素 D 的人容易患骨质疏松症，世界上大部分国家都会在牛奶或者橙汁中添加维生素 D，防止儿童得佝偻病。

但是，维生素 D 的故事远比这复杂。近年来，科学家在人体内几乎所有的器官和组织表面都发现了维生素 D 的受体。要知道，生命是不会做无用功的，受体的广泛分布说明维生素 D 很可能还有很多不为人类所知的用途。果然，先是在 2006 年底，来自美国哈佛大学的科学家在研究了 700 万名军人的血样后发表论文，首次证明血液中缺乏维生素 D 的人容易患上多发性硬化症（Multiple Sclerosis）。接着，2007 年 3 月，美国加州大学洛杉矶分校（UCLA）的研究人员首次证实，维生素 D 的含量和人体抗感染的能力有直接关系。非洲人由于皮肤较黑，对阳光中的紫外线吸收不利，体内维生素 D 含量不足，对肺结核的抗感染能力比白人低。还有人提出一个假说，认为冬季人们不愿出门，晒不到足够的阳光，体内维生素 D 含量也比夏天要低，这就是为什么冬天是感冒的多发季节。

2007 年 6 月，又有一项与维生素 D 有关的新闻引起轰动。来自美国克雷顿大学医学院（Creighton University School of Medicine）的科学家发表文章，证明了维生素 D 和乳腺癌的发病率有关。他们花了四年时间，对 1200 名过了更年期的健康妇女进行了随机双盲对照试验，证明每天摄入 1100 国际单位维生素 D 的妇女乳腺癌的发病率降低了 60%，而且这个结果和钙的摄取量无关，完全是维生素 D 本身造成的。

除此之外，关于维生素 D 能够防止前列腺癌和结肠癌的实验报告也相继问世。著名科普杂志《发现》（Discover）去年底刊登了一篇综述，认为维生素 D 除了上述的诸多好处以外，还能降低心脏病、糖尿病、关节炎、牛皮癣，甚至精神分裂症的发病率！难怪这篇文章用了一个夸张的标题——"维生素 D 能救你的命吗？"读完这篇文章，你会觉得维生素 D 简直就是包治百病的万能药。

正因为如此，越来越多的科学家建议 WHO 提高维生素 D 的最低摄取量。一些人甚至建议成年人每人每天至少摄取 1500 国际单位的维生素 D，而"加拿大儿科协会"甚至公开发文，建议孕妇或者哺乳期妇女每天至少摄入 2000 国际单位的维生素 D。可惜的是，维生素 D 是脂溶性的，在一般食物中的含量很低，只有比较肥的深海鱼类（比如三文鱼）中含有较多的维生素 D。尤其是鱼的肝脏，是维生素 D 含量最高的食品。牛奶中维生素 D 的含量也比较高，一袋 220 毫升的伊利牛奶含有 60 ～ 160 国际单位的维生素 D。蔬菜中只有蘑菇含有较高的维生素 D，因此素食者尤其应该多吃蘑菇，或者适当地吃点鱼肝油。

当然，补充维生素 D 最好的办法是多晒太阳。但太阳晒多了容易得皮肤癌，澳大利亚政府就曾经在全国范围内开展过一次"穿衣戴帽抹霜（防晒霜）"（Slip-Slop-Slap）运动，试图降低澳大利亚人的皮肤癌发病率。结果，皮肤癌发病率未见变化，倒是患上维生素 D 缺乏症的人数有了显著增加。美国哈佛大学营养学系教授爱德华·吉奥瓦尼奇就曾通过几年的调查研究得出结论说，每出现一个因为晒太阳而死于皮肤癌的人，就会有 30 个人因为晒太阳而免于其他癌症。但是，如果这个理论是正确的，那就很难解释非洲人的皮肤为什么是黑色的。皮肤中的黑色素能够吸收紫外线，降低维生素 D 的生产速度，所以黑人需要比白人多得多的阳光，才能得到同样的维生素 D。如果仅从癌症的角度，无法解释黑人为什么保留了黑色的皮肤。

救命的黑色素

要想解释黑人的皮肤之谜，必须引入另一种化学物质，这就是 2006 年最受中国读者关注的维生素——叶酸。

2006 年，歌星王菲生下了一个患有兔唇的孩子，不少媒体把账算到了叶酸的头上。科学家确已证实，叶酸是 DNA 复制过程所必需的一种维生素，孕妇怀孕期间如果缺乏叶酸，会导致婴儿发育不良，患上脊柱裂（Spina Bifida）。兔唇和脊柱裂一样，也是由于人体中轴线部位的器官没有发育好造成的。于是医生们猜测叶酸很可能和兔唇的发病率有联系。

叶酸对紫外线非常敏感，阳光中的紫外线能够破坏人体内的叶酸，造成叶酸缺乏症。与癌症不同的是，叶酸缺乏症是一种对婴儿更加危险的疾病，缺乏叶酸的孕妇会得贫血症，她生下来的婴儿患脊柱裂的可能性极高。脊柱裂是一种非常致命的疾病，尤其在缺乏医疗条件的古代，患有脊柱裂的孩子是不可能活下来的。

2000年，美国宾夕法尼亚大学的人类学家尼娜·嘉布隆斯基（Nina Jablonski）提出一个很有趣的理论。她认为，猩猩刚刚进化为人的时候，皮肤是白色的。因为猩猩是有毛的，不需要黑色素。但是，在南部非洲那种地方，阳光强烈，白色皮肤挡不住紫外线对叶酸的破坏，婴儿死亡率很高。这时，那些皮肤中含有黑色素的人就有优势了。于是，非洲大陆上的人类祖先逐渐进化出了黑皮肤，借以保护体内宝贵的叶酸。可是，当他们逐渐从非洲大陆向周围迁徙时，情况发生了变化。比如，迁徙到北欧的那些人，由于阳光不够强烈，生产不出足够的维生素D。在这种自然条件下，黑皮肤反而变成了一种缺点，那些因为基因变异而缺乏黑色素的人就占了便宜，渐渐把黑皮肤的人淘汰掉了。

换句话说，嘉布隆斯基教授认为，白人其实是一个肤色基因发生了突变的群体。

为了验证自己的理论，嘉布隆斯基教授和她的丈夫、计算机专家乔治·查普林（George Chaplin）把世界各地居民皮肤的颜色和当地的紫外线强度做了一个对照研究，结果发现只用一个简单的数学公式就能相当精确地描述两者之间的关联度。也就是说，某地居民体内的黑色素的浓度总是恰到好处，保证了居民体内的维生素 D 和叶酸的含量都能维持在一个相对安全的范围内。

有趣的是，这个模型只发现了一个特例，那就是居住在北极圈附近的因纽特人（Inuit）。他们的皮肤很黑，按理说无法合成足够的维生素 D。但是，众所周知，因纽特人的膳食结构非常独特。他们几乎顿顿吃鱼，鱼肉提供了丰富的维生素 D，他们根本不必依靠太阳。

也许有人会问，人为什么不进化出一种方式，随时调节黑色素在表皮的浓度，以适应不同强度的阳光呢？其实，人类确实有能力在小范围内调节黑色素的强度。原来，黑色素是由专门的黑色素细胞产生的，这种细胞的活性受到脑垂体分泌的激素的调节，而脑垂体则完全听从视神经细胞的命令。只要人一看见太阳，视神经立刻发信号给脑垂体，分泌激素，让黑色素细胞赶紧开工，生产黑色素。所以，正常人晒了一会儿肤色就会变黑。

明白了这个道理，下次你到海边的时候尽量别戴太阳镜，除非你想骗你的皮肤多生产一些维生素 D，否则的话，你的视神经就会提供错误的信号，你的皮肤来不及反应，很容易被晒伤。

不过，人体调节黑色素的能力十分有限，肤色变化的范围很小。这也是很好理解的，因为远古时代人类的行动能力有限，不可能像现代人那样，在短时间内搬家到另一个完全不同的地方。因此，原始人不需要进化出这样的机制。

可是，当人类发明了汽车、轮船，甚至飞机的时候，情况发生了变化。

适应新环境

美国黑人患高血压的比例比非洲黑人高。除了生活习惯的不同之外，有人根据统计数据，提出了一个看似匪夷所思的新理论：美国黑人吸收盐分的能力要比非洲黑人高，而血液中的盐含量是导致高血压的重要因素。

为什么会是这样呢？这个理论认为，当年黑人被当作奴隶贩卖到美洲时，必须经历长时间的海上运输。白人奴隶主经常虐待黑奴，不给他们水喝，导致大批黑奴死亡。侥幸活下来的都是一些体内天生含盐量高的人，他们比其他人更耐渴。

这个例子非常极端，可以称之为"非自然选择"。不过，自然选择同样可以产生类似的效果，让某个人群的基因组发生相应的变化，以适应新环境。就拿黑人来说，生活在赤道附近的黑人皮肤黑得几乎不透光，否则强烈的紫外线会穿透皮肤，破坏所有的叶酸。但是，维生素 D 还是需要的，因此他们进化出一种特殊的机制，能够生产出超过正常需要的胆固醇。胆固醇是维生素 D 的前体，或者说是生产维生素 D 的原料。黑人体内的胆固醇含量高，就意味着他们只需要少量的紫外线，就能合成出足够多的维生素 D。

这种特殊机制需要一种名为"载脂蛋白 E"（Apolipoprotein E，简称 ApoE）的蛋白质，事实上，全世界只有黑人，以及少数生活在北极圈附近的白人体内带有这种基因。为什么那些生活在严寒地带的白人也有这种基因呢？道理是一样的。

但是，在现代社会，人们在户外劳动的机会越来越少，晒太阳的时间越来越短。尤其是那些被贩卖到北美洲的黑奴，如果去了美国东北，就很难再晒到太阳了，因此他们体内的维生素 D 含量一直不足，患佝偻病的比率比白人高很多。后来美国政府决定在牛奶里添加维生素 D，这才解决了他们的问题。

太阳晒得少，可 ApoE 基因仍在，黑人体内的胆固醇含量比其他人高出很多。这些用不完的胆固醇没有出路，全部滞留在了血管里，后果可想而知。据统计，美国黑人患高血压的比例比白人高，其中很大原因来自这个 ApoE 基因。

有些读者也许记得，美国政府两年前通过了世界上首个针对不同种族的药物，就是那个轰动一时的治疗心脏病的特效药拜迪尔（BiDil）。这种药能够把黑人心脏病患者的死亡率减少 43%，但对其他种族的病人的治疗效果却不显著。拜迪尔的成功绝不是偶然现象，它说明不同种族之间确实存在差异。这些差异和优劣没有关系，只因为生活条件和生活习惯的不同，导致了不同人种的生理差异。比如，东亚人普遍没有乳糖酶，对酒精过敏的人也很多。这是因为当年东亚很早就进入了农耕时期，吃五谷杂粮，不喝牛奶，煮开水，泡热茶。而欧洲人还处于游牧时代，喝牛奶，喜喝酒，依靠发酵后产生的酒精对饮用水进行消毒。

这种差异对生活影响不大。如果你对酒精过敏，不喝酒就行了。可是，还有很多微妙的差异能够影响到你的正常生活，需要认真对待。

比如，有一种名为CYP2D6的细胞色素是参与药物代谢的一种重要的氧化酶，这种酶具有分解毒素的效力，这种效力和该基因拷贝的数量有直接的关系。欧洲人群中大约有8%的人带有极少量的拷贝，属于慢代谢型。对于这些人而言，大部分药物的用量都应该适当降低，否则很容易出现药物中毒。相比之下，东亚人只有1%属于慢代谢者，而埃塞俄比亚则有29%的人被归为"快代谢者"，后者体内的CYP2D6基因拷贝数量甚至可以高达13个之多。

这一差异是如何造成的呢？专家认为，某一特定人群CYP2D6基因数量的多寡和该人群所生活的环境里有毒物质的含量有直接联系。埃塞俄比亚人生活条件一直很差，因此他们体内含有更多数量的CYP2D6，用来降解进入体内的毒素。东亚人生活条件倒是不错，但东亚人历来有服用中药的习惯。中药毒性大，如果代谢速度太慢，很容易中毒。所以，东亚人群中慢代谢者的数量比欧洲人要低得多。

如何鉴定你自己是一个快代谢者还是慢代谢者呢？以前可以通过酶学方法加以鉴别，现在则可以通过一种基因芯片，快速而又准确地知道结果。

个性化医疗

从上述例子可以看出，如果能准确地测出你的基因顺序，就能因地制宜，选择更加适合你的生活习惯，以及治疗方法。这就是所谓的"个性化医疗"的基础。比如，如果你带有 ApoE 基因，就说明你体内的胆固醇含量会比较高，因此你必须比别人更加注意饮食，或者多晒太阳，把它们变成维生素 D。

但是，测量人基因组全部顺序的费用仍然非常昂贵，普通人根本承担不起。好在不少科学家都意识到了测量基因顺序的重要性，纷纷展开研究，寻找降低成本的方法。2007年 6 月，DNA 双螺旋结构的发现者之一——詹姆斯·沃森教授的基因顺序被测出来了，而且只花费了不到 100 万美元。比起当初第一个人类基因组计划花费的 30 亿美元来，这可是一个非常大的进步。

2004 年，美国国立人类基因组研究所启动了一项研究计划，目的是在不远的将来，把测序的整个费用降至 1000美元以下。

在这个目标尚未完成以前，也可以通过一种变通的办法获得很多有用的信息。不同人的基因组之间相差很小，只有不到 0.1% 的差距。其中，由单个核苷酸的变异所引起的

DNA 序列差异，叫作"单核苷酸多态性"（SNP），这是人类可遗传的变异中最常见的一种。国外已经有公司能够提供相关服务，客户只需花费不到 1000 美元，就能测量 100 万个 SNP 的差异。专家只要分析一下这些差异，就能为你提供一份表格，详细列出你患各种疾病的可能性，以及解决问题的最好办法。

"个性化医疗"的时代很快就将到来。

（2008.1.21）

辑 二

吃还是不吃

减肥为什么这么难？

因为你的对手是几百万年的进化史，其
力量非常强大。

　　减肥难就难在控制食欲，食欲为什么这么难控制？并不
完全是因为饿，而是因为食物实在是太好吃了。就拿味觉来
说吧，人类的许多饮食习惯，尤其是吃零食的习惯，都是由
于美味的诱惑而不是营养需要。味道的产生依赖于舌头上的
味蕾，人舌头上分布着大约一万个味蕾，每种味蕾只负责一
种味道。中国人喜欢说"五味"，也就是酸甜苦辣咸。可是
直到目前为止，科学家并不认为辣属于味道的范畴，而是把
它看作一种强烈的刺激而已。近年来，有一种新的味蕾被鉴
定出来了，这就是"鲜"，味精就是一种典型的"鲜味"物
质。因此，被科学家承认的五味是酸甜苦咸香。

　　2005 年 11 月，法国科学家又发现了一种新味蕾，专门
用来感受脂肪的味道。其实很早就有人提出舌头上存在脂
肪味蕾的假说，但是一直没有确凿的证据。法国勃艮第大
学营养学家菲利普·贝斯纳德（Philippe Besnard）和他领导
的研究小组成功地培育出一种带有遗传缺陷的老鼠，其编

码 CD36 蛋白质的基因被人为地去掉了。这种蛋白质普遍存在于很多种组织之中，在舌头表面就有大量的 CD36 蛋白质存在。

贝斯纳德比较了正常老鼠与这种经过基因改造后的老鼠的饮食习惯，他发现没有 CD36 蛋白质的老鼠对脂肪食品根本不感兴趣，而普通老鼠都是见了脂肪就没命的馋鬼。更为奇妙的是，普通老鼠只要一尝到脂肪的滋味，胃里就会立即开始分泌脂肪消化液，小肠也会立即开始为即将到来的脂肪做好吸收的准备工作。而缺少了 CD36 蛋白质的老鼠则根本没有这种反应，显示 CD36 与老鼠的脂肪代谢有着密切的关系。

老鼠的味觉系统和人类的基本相同，因此贝斯纳德推测人类的舌头上也有类似的脂肪味蕾，负责让人类喜欢上含有脂肪的食物，并启动人类的脂肪代谢。众所周知，脂肪是所有食品中热含量最高的一种，同样重量下，脂肪的热含量大约是淀粉的两倍。因此，食用脂肪对于那些总是处于饥饿状态的野生老鼠来说是一种事半功倍的劳动，当然要提倡。可是对于生活在发达国家的人来说，对脂肪的渴求却带来了显著的副作用。贝斯纳德相信，如果将来科学家搞清了 CD36 的作用机理，就可以生产出抑止 CD36 的药物，或者生产出专门刺激 CD36 的"假脂肪"。那时减肥就会变得容易起来，人们可以天天吃这种美味的"假脂肪"，却不会发胖。

这个例子告诉我们，人类的许多生理功能都是在多年艰苦的野外生活中进化而来的，而人类社会进入工业化的时间其实很短，因此这些生理功能暂时无法适应新时代的要求。比如，味觉的产生对于早期茹毛饮血的原始人来说十分重要，酸和咸的感觉和体液平衡很有关系，因此过量的酸和咸都会带来不愉快的感觉。苦味的食物大多数都是有毒的，因此基本上属于一种讨厌的味道。甜则代表了糖分，这是人类获取热量的最主要的来源，一定要鼓励，因此甜味在大多数情况下都是一种好味道。而鲜味就是蛋白质的味道，当然属于好味道。人类对甜味和鲜味都是来者不拒，就是因为糖和蛋白质都是生存必需品，一定要多多储存。

还有一个类似的例子就是糖尿病。美洲印第安人群中糖尿病的发病率一直很高，比如一个名叫"皮玛"（Pima）的印第安部落其成员的糖尿病发病率高达 50% 以上，而且几乎所有的糖尿病病人都是胖子。历史资料表明，过去皮玛族人很少得糖尿病，这是一种典型的"现代病"。1962 年，一个名叫詹姆斯·尼尔（James Neel）的遗传学家提出了一种"节俭基因"理论，该理论认为皮玛印第安人过去一直是靠天吃饭，他们经常要面对很长时间吃不到东西的情况。因此他们进化出一种比较极端的代谢方式，储存脂肪的能力特别强。分析研究表明，19 世纪时他们的食物中只有 15% 是脂肪，而目前他们的食物中有高达 40% 的热量来自脂肪，他们的新陈代谢完全不能适应这种突发的情况，于是就造成了糖尿病的高发病率。

对于世界上大多数地方的人类而言，生存条件的变化有一个漫长的过程，因此我们比皮玛人要适应得更好一些。不过，人类仍然需要面对新时代带来的新问题，食物过量就是其中最明显的一个。减肥为什么这么难？因为你是在同本能做斗争，或者换句话说，你的对手是几百万年的进化史，其力量是非常强大的。

（2006.5.15）

以毒攻毒 2.0 版

一种非尼古丁戒烟药让你感觉不到吸烟的好处。

吸烟的危害不用多说了吧？只举一个例子：2000 年世界卫生组织发表的一份报告指出，全球超过 12 亿烟民中将有一半人死于吸烟引起的各种疾病，包括癌症和心血管病变。这个数字的背后有大量的实验数据作为支持，可你有什么证据证明你属于另一半呢？没有的话，那就戒烟吧，除非你想早死。

但是对于很多烟民来说，死亡的威胁还很遥远，戒烟引起的头疼烦躁食欲增加（发胖）倒是迫在眉睫。其实这种反应跟戒毒没有任何区别，因为香烟就是世界上使用最广的毒品。有人认为香烟直到现在还没有被法律禁止，说明其危害不大，这个说法是完全错误的。事实上，香烟的成瘾性一点也不比可卡因或者海洛因差。不但如此，香烟里还含有三千多种化学物质，很多都是致癌的。香烟的主要成分——尼古丁对人体的毒性比可卡因大 20 倍，只不过吸烟时大部分尼古丁都被烧掉了，真正被人体吸收的很少。

这少量被吸收的尼古丁在短时间内对人体是有好处的。比如，研究证实少量尼古丁可以增强记忆力，使人兴奋，甚至对阿尔茨海默病有治疗作用。更重要的是，尼古丁能够结合细胞表面的乙酰胆碱受体，结合了尼古丁的受体能够促使相关细胞分泌多巴胺（Dopamine）。多巴胺可是个好东西，它能使人产生愉悦感。事实上，人的许多欲望，比如食欲和性欲，最后都是通过多巴胺来满足的。比如说，当人在吃饭或者性交的时候，脑细胞便开始分泌多巴胺，刺激相关神经中枢，使人产生愉悦感，这样人才会有动力继续做下去。所以说多巴胺就是人脑的"糖块"。

可卡因这类毒品能够刺激人体产生多巴胺，这就是它们能使人上瘾的主要原因。尼古丁在这一点上和可卡因不相上下，它的成瘾机理和毒品是一样的。戒烟和戒毒一样，都会降低多巴胺的分泌，也就等于不给大脑吃糖了，大脑当然就要罢工。戒烟的主要办法就是逐渐降低尼古丁的摄入量，让人体慢慢适应这种变化，最终完全根除大脑对尼古丁的依赖。但这一过程往往是很痛苦的，戒烟者经常会反复，所以他们才会自嘲地说：戒烟是世界上最容易的事，我每天戒一次！

魔高一尺，道高一丈。医生们想出了一个以毒攻毒的办法，那就是人为补充尼古丁，以维持人体内多巴胺的水平。因为香烟的主要危害在于焦油和其他一些致癌物质，而尼古丁则已被证明不会增加癌症的发病率。现在市场上绝大多数戒烟药都是这个原理，比如戒烟贴，其成分就是尼古丁。

但是，这种办法显然是治标不治本，而且容易让人产生新的依赖性。另外，戒烟之人经常会被一根香烟所诱惑，以至于前功尽弃。

2006 年 5 月 11 日，从美国传来了一个令人振奋的好消息。第一种非尼古丁类的戒烟药通过了 FDA 鉴定，即将投放市场（以前曾经有一种非尼古丁药物被用作戒烟药，但它本来是作为抗抑郁症药物被开发出来的，戒烟只是其副作用）。这种药由辉瑞制药厂研制成功，商品名称叫作 Chantix，其主要成分为 Varenicline。这种小分子化合物有一个宝贵的特点，它可以和尼古丁相互竞争乙酰胆碱受体。一旦 Varenicline 打败了尼古丁，结合到受体上之后，其诱导出来的多巴胺却比尼古丁诱导出来的水平要低，因此药理学上把这类药物叫作"部分激动药"（Partial Agonist），意思是说它所产生的激动作用比"正常情况"要低一些。

别小看了这个特点，它解决了戒烟过程中的两个难题。首先，尼古丁戒烟贴所诱导的多巴胺分泌水平和吸烟是一样的，为了防止体内多巴胺水平过高，吸烟者必须自己控制药贴的使用量，但是这就需要毅力了，使用 Varenicline 则不用担心戒烟者体内的多巴胺过量。第二，也是最重要的一点，那就是 Varenicline 占据了原本应该由尼古丁占据的位置，因此，当戒烟者忍不住偶尔吸了一支烟时，尼古丁已经没有多少受体可以结合了，于是戒烟者不再能够体会到香烟带来的好处，再戒起来就容易多了。

　　如果说尼古丁戒烟贴是以毒攻毒的话，那么 Varenicline 则是以毒攻毒 2.0 版，两者的原理相当类似，但新版本修正了很多错误。临床试验也表明 Varenicline 的效果确实好于尼古丁戒烟贴，FDA 公布的数据表明，Varenicline 比安慰剂的成功率要高出将近两倍，比现在市场上的戒烟药也要高出 50%。难怪 FDA 加快了对这种药的审批过程，因为吸烟的危害实在是太大了。

（2006.5.22）

有啥吃啥，吃啥是啥，是啥吃啥

同样的食物会因食者遗传特性不同，产生不同的效果。

最近，正率队在欧洲训练比赛的中国男篮主教练尤纳斯写了一篇《九问中国篮球》，第一条就是质问篮协的官员为什么不强迫队员吃当地的新鲜肉和蔬菜，反而把一箱箱方便面和榨菜堂而皇之地运出国去。尤纳斯甚至把中国篮球队员的体能缺乏归罪于不科学的饮食习惯。

问题真的有那么严重吗？

先说榨菜。腌制食品富含亚硝酸盐，这是不争的事实。科学家早就证明，亚硝酸盐能和人的血液发生化学反应，生成高铁血红蛋白，降低血液携带氧气的能力。如果运动员身体里流动着的都是缺乏氧气的血，他还怎么有劲奔跑？再说方便面。都知道方便面好吃，但里面的营养成分除了淀粉就是脂肪，管饱倒是不成问题，但缺少蛋白质。学过生物化学的人都知道，蛋白质是无法从淀粉和脂肪中生成的，因为组成蛋白质的 20 种氨基酸当中有 8 种无法自己合成，只能从食物中摄取。肌肉的主要成分就是蛋白质，中国运动员的身材大都是竹竿型，缺乏肌肉，主要原因就是饮食不科学，蛋白质摄入量不够。

欧美人普遍比亚洲人壮，其中一个重要原因就是饮食结构不同。美国的妈妈们最喜欢用一句话劝导孩子：You are what you eat。大致意思就是：吃啥是啥。这当然不是说吃猪肉将来就变猪，而是说多吃肉就能多长肉。相比之下，很多中国人还停留在"有啥吃啥"的时代。其实，要想身体健康，不仅要吃饱，而且要吃好。

不过，近年来人家的口号已经悄悄发生了改变，从"吃啥是啥"变成了"是啥吃啥"。具体来说，就是根据一个人的基因构成，选择合适的食物。最近欧美生物学界有一个新词颇为流行，叫作"基因营养学"（Nutrigenomics），研究的就是这个问题。举个最简单的例子：奶制品中含有大量的乳糖，需要乳糖酶才能消化。亚洲人体内普遍缺乏这种酶，所以会有很多人一喝牛奶就拉稀。如果中国男篮的队员们盲目学习 NBA 球员天天吃奶酪，估计会有很多人不适应，还不如让他们去吃方便面呢。

从这个例子可以看出，同样的食物会因为食用者的遗传特性不同而产生不同的效果。当然了，这个例子过于简单，如今的基因营养学家们研究的都是比乳糖代谢更加复杂、更加隐蔽的问题。比如，美国加州大学戴维斯分校的吉姆·卡普特教授研究过人类的 GPDH 基因，他发现有一定比例的美国人的基因组内带有一个变异了的 GPDH 基因。这个基因编码一种酶，帮助细胞将糖转化为能量。此酶需要烟酸（即维生素 B_3）才能正常工作，而变异了的 GPDH 所产生的酶不能很好地利用烟酸，影响了能量转换的效率。这个变异说起来似乎很严重，其实防治起来一点也不困难，只要多吃一些绿叶蔬菜和肉，或者干脆定量服用特殊的维生素药片就可以了。也许国家队中有的队员就带有这个变异，真是这样的话，光吃方便面可就不行了。

假如国家队需要调查一下谁带有这个变异，只需测一下他们体内相关基因的 DNA 顺序就行了。这种变异叫作"单核苷酸多态性"变异，英文叫 SNP。顾名思义，这是指 DNA 序列中单个核苷酸位置上产生的变异，专家估计人类基因组中有 15 万～30 万个这样的微小变异，就因为它们的存在，世界上才不会有任何两个人是相同的。也正是因为如此，每个人需要的食物也是不同的。美国塔夫茨大学的科学家荷塞·奥多瓦斯就曾研究过人类心血管疾病与 SNP 之间的关系，他发现具有某类 SNP 变异的人在吃了饱和脂肪含量过低的食物后，其体内的胆固醇含量反而会上升。如果这些人按照营养师的推荐，一味强调低脂饮食，反倒会增加患心血管疾病的可能性。

难怪尤纳斯发这么大的脾气。人家都已经进入"是啥吃啥"的时代了，我们的国家队居然还在依靠方便面打天下。建议尤纳斯赶紧去检查一下自己的"血管紧张素原"（Angiotensinogen）基因是否带有某种 SNP 变异，因为这种变异会让他对食物中的盐分更加敏感，患高血压的机会比正常人高。万一尤纳斯受不住香味的诱惑，吃了篮管中心带过去的方便面，再遇上国家队输球，一着急得了高血压，可就不划算了。

（2006.8.7）

维生素药片真的有效吗？

别再迷信维生素药片了，它们也许根本就不起作用。

2007 年 2 月 28 日，国际权威的《美国医学会杂志》（*JAMA*）发表了一篇论文，指出多种流行的维生素药片不但不能延长人的寿命，反而可能对人体有害。这篇论文在欧美国家引起了轩然大波，多家国际知名媒体刊发了相关报道。众所周知，发达国家人口中常年服用各类维生素药片的比例很高，维生素药片一直是各大制药厂的一个恒定的利润来源。

这篇论文其实是一篇综述，作者是来自丹麦的一个非营利研究机构的几名科学家。他们运用了一种称之为"元分析法"（Meta Analysis）的统计学研究方法，分析了 1990 年至 2005 年发表的 385 篇研究报告，一共涉及 68 个随机临床试验，参加人数高达 232606 名，是迄今为止该领域里最为全面的统计学分析。

他们试图回答一个看似简单的问题：具有抗氧化作用的维生素药片到底能不能延年益寿？

说它简单，是因为关于氧化作用的害处，目前国际医学界基本上达成了共识。所谓"氧化作用"，指人体新陈代谢时的能量生成过程，这一过程必然产生一种被称为"自由基"（Free Radical）的小分子。大量科学实验证明，自由基能够破坏细胞组织，加速衰老过程，增加癌症和心血管疾病的发病率。既然如此，那些能够减少自由基的化学物质岂不是能延年益寿？这就是很多保健品生产商的思路。于是，"自由基"这个词成了近年来的一个热门词，在 Google 上搜索能找出 200 万个网页，其中有很多都是保健品生产商的广告。包括维生素 A、C、E，硒元素，过氧歧化酶（SOD），葡萄籽提取物（OPC）等多种具有抗氧化效果的物质都被包装成延年益寿的灵丹妙药，甚至还有不少德高望重的老医生建议大家每天服用这些维生素，减少体内的自由基。

但是，事情远不是这么简单。虽然这些化合物早就被证明具有抗氧化的作用，但氧化反应生成的自由基并不是一无是处，它参与了很多正常的生理过程，包括细胞分裂、细胞间通信和程序性细胞死亡（细胞该死不死就会生癌）等等。如果某种药物把自由基从人体中全部清除掉，那么这个人肯定就活不成了。

生命是一个复杂的过程，人体是一个系统工程，各种因素相互制约，绝不能仅凭某一个实验数据就擅自加以改变。比如，当年医生们发现冠状动脉粥样硬化是心脏病的罪魁祸首，于是有人提出，应该给病人服用抗凝血药，让血液流通顺畅，这样不就可以防止心脏缺血了吗？临床试验证明抗凝血药确实能降低心脏病的发病率，但是服药者患脑溢血的概率也相应增加，其结果就是服药者的存活率并没有增加，抗凝血药功过相抵。

明白了这个道理，医生们又想出了其他办法抑止脑溢血的发生，这才找出了对付心脏病的办法。从这个例子可以看出，从理论上看无懈可击的某种药物，在实践中却很可能出现某种意想不到的副作用。只有通过大规模的随机对照试验才能最终确定药物的疗效。可惜的是，目前市场上公开销售的绝大部分保健品都没有经过严格的随机对照试验的检验，而仅凭一个看似无懈可击的概念，就敢忽悠老百姓口袋里的钱。

再举一个心脏病的例子。医生们早就知道，很多心脏病人发病的原因是冠状动脉粥样硬化，堵塞了通往心脏的血管。血管的堵塞物是胆固醇通过氧化反应而生成的，如果能阻止这种氧化反应的速度，不就可以降低心脏病的发病率吗？这个方法从理论上讲似乎很合理，但是，在经过了十多年严格的随机对照试验后，美国的科学家们于2005年发布了一份研究报告，指出具有抗氧化作用的维生素C、E和β-胡萝卜素等并不能降低心脏病的发病率。科学家们至今仍然没有搞清其中的原因到底是什么，但美国国立卫生研究院（NIH）根据这份报告，修改了相关政策，建议美国民众不要依赖维生素药片来防止心脏病，而是把重点放在戒烟和降低血压等已被证明有效的方法上。

当然，对于那些因为某种病变造成体内缺乏某种维生素的人来说，维生素药片还是很管用的。但是，对于那些指望服用维生素药片来延年益寿的人来说，还是别浪费钱了。

（2007.3.19）

乙醛——人类的隐形杀手

抽烟、酗酒和空气污染是危害人类健康的主要因素，科学家发现，这三大杀手有可能用的是同一把刀。

　　生活中你肯定认识这样的人，他们不能喝酒，一喝就脸红，如果强灌，很快就会醉倒在地，甚至呕吐不止。他们为什么会这样呢？原来，酒精（乙醇）进入人体后会迅速转化成乙醛（Acetaldehyde），后者在"醛脱氢酶"（ALDH）的催化下转变成乙酸。人体内有 19 种 ALDH，其中，ALDH2 活性最强，承担了大部分工作。有将近一半的东亚人体内的 ALDH2 有缺陷，不能迅速把乙醛转变为无害的乙酸。于是，这些人只要一喝酒，体内的乙醛含量就迅速升高，甚至能达到正常值的 20 倍之多。乙醛能加速心跳频率，扩张血管，于是饮酒者的脸就红了。

　　那么，这些人为什么更容易喝醉呢？难道说，乙醇并不是让人醉酒的主要原因？早在上世纪 80 年代，英国国王学院的科学家维克多·普里迪（Victor Preedy）就发现，乙醛是一种效力强大的肌肉毒素，其毒性是乙醇的 30 倍。后续的研究发现，乙醛能和蛋白质的氨基结合，形成"蛋白质加合物"（Adducts）。这种结合非常稳定，严重影响了蛋白质的正常功能。"很多人误以为酒精危害最大的器官是大脑和肝脏，这是不准确的。"普里迪说，"酒精的代谢产物乙醛对酗酒者肌肉造成的伤害才是最常见的，其发生频率是肝硬化的 5 倍。"

更可怕的是，"蛋白质加合物"会改变蛋白质的外表结构，使得免疫系统误以为这是入侵的敌人而加以攻击。大约有 70% 的"酒精肝"患者体内能找到相应抗体，这些抗体对"蛋白质加合物"的持续攻击会让这些患者常年处于慢性炎症的状态，这种状态已被证明是风湿性关节炎、心脏病、阿尔茨海默病和癌症的诱因。

正常人血液中的乙醛含量很低，甚至很难被检测到，属于典型的"隐形杀手"。正常情况下，进入人体的乙醇会迅速在肝脏内被"乙醇脱氢酶"转化成乙醛，然后被 ALDH2 降解成乙酸，只有不到 1% 的乙醛会逃出肝脏，进入血液循环。但是，肝脏处理乙醇的速度是有限的，正常人每小时可以处理 7 克乙醇，酒量大的人这个数字可以上升到 10 克以上。一瓶"小二"（二两二锅头酒）的酒精含量大约是 50 克，正常人需要花费七小时才能处理完。也就是说，在这七小时中，饮酒者体内的所有器官都要处在乙醛的包围中。虽然绝对量不大，但累计的效果却很可观，很多喝过头的人第二天起床后仍然会感觉昏昏沉沉，英语中有个词叫作 Hangover，描述的就是这种感觉。以前人们认为这是细胞脱水，或者酒精的作用，后来发现这个说法不正确。研究发现，造成 Hangover 的最重要原因就是乙醛。

别小看乙醛的危害，越来越多的证据表明，乙醛的害处远不止上述这些。一项研究表明，ALDH2 缺损者（喝酒爱红脸的人）如果继续酗酒，他们得上消化道癌症的概率是正常人的 50 倍。乳腺癌也有可能与乙醛有关。据统计，有大约 5% 的乳腺癌病因来自酗酒。"细胞是不会遗忘的。"从事这项研究的德国海德堡大学科学家海尔穆特·赛兹（Helmut Seitz）说，"乙醛造成的影响会在 20 ～ 25 年后成为肿瘤的诱因。"赛兹相信，西方国家酒精消费量的逐年增加是肝癌、结肠癌和直肠癌发病率升高的原因之一。

酒精绝不是乙醛的唯一来源。乙醛带有水果般的香味，经常被用作食品添加剂。事实上，很多果酒中就加了乙醛，尤其是一种苹果烧酒（Calvados），乙醛含量很高。有人做过统计，喜欢喝苹果烧酒的人患食管和口腔癌症的概率是葡萄酒爱好者的两倍，虽然他们喝下去的酒精是相同的。

香烟也是乙醛的一大来源。燃烧的烟草产生的大量乙醛能溶解在唾液里，人唾液中的 ALDH 酶含量极低，因此吸烟者的口腔细胞就经常处于乙醛包围之下。统计表明，吸烟者患口腔癌症的概率是不吸烟者的 7 ～ 10 倍。当然，香烟中还含有很多其他致癌物质，但科学家越来越相信，乙醛是其中很重要的一种。

如果一个人既抽烟又喝酒呢？情况就更糟了。烟酒的协同效应会使这些人患口腔癌症的概率比不吸烟也不喝酒的人高150倍!

空气污染,尤其是汽车尾气和工业废气,也是乙醛的重要来源。

那么,怎样才能降低乙醛带来的风险呢?戒烟,少喝酒,尽量呼吸新鲜空气,这些办法显然都有效。还有一条,就是勤刷牙,尤其是多用口腔消毒液。研究表明,口腔中残余的很多细菌能把食物残渣变成乙醛,这就是口腔卫生习惯不好的人得口腔癌症的概率比讲卫生的人高的原因。

（2007.7.2）

水中毒

....

过量饮水，可以毒死人。

如果换个说法："服用过量的一氧化二氢，能够使人中毒。"听上去会不会显得更合常理一点？

水是生命的第一要素，人体 68% 的成分是水，普通人不吃饭可以活一个星期，不喝水三天就受不了了。因此，很多人把水看成有百益而无一害的宝贝，不少健康指南上都号召大家每天喝 8 杯水，每杯 8 盎司（所谓 8×8，总量大约 2 升）。

其实，这个说法并没有科学依据。

几年前，美国新罕布什尔州达特茅斯医学院的汉斯·瓦尔廷（Heinz Valtin）博士突发奇想，打算调查一下这个流行说法的出处。他本人是一名资深肾脏专家，曾经写过两本关于肾脏与体液平衡的教科书。他运用计算机检索系统，查找了所有发表在正规科学杂志上的相关论文，没有发现任何数据支持这个 8×8 的说法。

那么，这个说法是怎么来的呢？最有可能的源头来自六十多年前发表的一份报告，该报告指出，正常成年人每天需要消耗大约 2.5 升水，但这份报告同时强调，正常情况下，人体所需的大部分水分可以从食物中获得，只有不到 1 升的水是喝来的。但是，后来很多所谓"营养学家"不知出于何种原因，忽视了后面的这个补充说明。

还有不少营养学家坚称，大量饮水有助于缓解便秘。为了调查这个说法的可靠性，瓦尔廷招来一批成人志愿者，对他们的饮水量和排泄量进行过一次大规模调查对比，结果发现过量饮水对排泄状况没有显著的影响。

2002 年，他把自己的发现写成论文，发表在《美国生理学杂志》上。他在文章中指出，这个 8×8 的说法更像是一种迷信，缺乏科学依据。不但如此，这种做法很可能对人体有害，因为这会使人得"低钠血症"（Hyponatremia）。

这个病说起来很简单。很多人大概都记得小学自然课上做过的一个实验，把洋葱细胞浸入蒸馏水中，放在显微镜下观察，细胞会变大。如果换成盐水，细胞的体积就会缩小。这就是人们常说的渗透压所导致的一种正常现象。

血液的渗透压可以用钠离子的含量来表示。如果钠离子低于每升 135 毫摩尔（135mmol/L），就会出现"低钠血症"。

当过量的水进入血液后，就会稀释钠离子，改变细胞内外的渗透压，水便在压差的驱动下进入细胞，使之扩张。一般的体细胞还好说，周围会有一定的空间供其扩展。脑细胞就不一样了。大脑中的神经细胞排列十分紧密，几乎没有任何空间供它们伸懒腰。一旦过量的水分随血液进入脑细胞，便会产生可怕的后果。轻者会使人头晕、呕吐，或者产生幻觉，重者会使人昏迷、呼吸停止，乃至死亡。

2007年初，一名28岁的加州妇女参加了当地电台举办的一次喝水比赛，获胜者将获得一台任天堂游戏机。结果，她在三小时的时间里喝了6升水，回家后呕吐不止，当晚死亡。

两年前，一名21岁的美国青年和人打赌做俯卧撑。为了增加他的体重，对方强迫他饮用了大量的水，没想到他却突然死亡，死因同样是水中毒。

近年来，"低钠血症"的发病率有所增加，主要原因在于摇头丸的泛滥。这种兴奋剂能让人产生脱水的感觉，服用者会倾向于过量饮水，结果很可能比摇头丸更加致命。

不过，一般情况下，多喝几杯水不足以导致"低钠血症"，因为人体有一个严密而高效的平衡系统。成年人的肾脏每小时可以排出800～1000毫升水，也就是说，只要每小时喝水不超过这个量，一般就不会有问题。但是，人体内有一种激素，名叫"血管加压素"（Vasopressin），又名"抗利尿激素"（Antidiuretic Hormone，ADH）。顾名思义，这是一种阻止尿液生成的激素，目的是保存体内的水分。人在某些特殊情况下，比如在长跑的时候，便会刺激下丘脑分泌"血管加压素"，在激素的作用下，肾脏的排尿能力甚至能够降到每小时100毫升以下。如果在这种情况下大量饮水，患

"低钠血症"的概率就会大大增加。

2005 年发表在《新英格兰医学杂志》上的一篇论文显示，当年的波士顿马拉松比赛结束后，至少有 13% 的运动员患上了不同程度的低钠血症。

那么，每天到底喝多少水才合适呢？瓦尔廷博士认为，有一个可靠的指标，那就是"渴"。有一种说法认为，如果你感到口渴再喝水，已经晚了。瓦尔廷博士认为这个说法不正确。正常人血液的渗透压变化 2% 就会有口渴的感觉，而医学上对"脱水"的定义是渗透压发生 5% 的变化。所以，口渴了再喝水，其实是来得及的。

当然，这个结论是在温和的气候下做出的。如果你生活在闷热的环境下，又要从事重体力劳动，还是赶紧先喝足水吧。

（2007.7.9）

不干不净吃了没病

免疫系统除了能杀死病菌外，还能杀死癌细胞。

挤奶工曾经为人类的健康做出过巨大的贡献。18 世纪末期，一个名叫詹纳的英国乡村医生发现挤奶工不得天花，他推测这是因为挤奶工感染了牛痘，因此获得了对天花病毒的免疫力。事实证明詹纳是对的，这就是人工接种疫苗的由来。

2004 年，意大利科学家对帕多瓦地区的 2283 名农场工人进行过一次严格的问卷调查，结果发现在奶牛场工作的人比在果园或农田里工作的人患肺癌的概率要低很多。这个结果和工作强度无关，却和奶牛的数量有直接关系。某家农场里的奶牛数量越多，在这里工作的人的肺癌发病率就越低。研究者认为，奶牛数量多，说明工人每天接触的牛粪也越多。牛粪里富含细菌，它们随着干燥的牛粪四处飞扬，因此奶牛场的工人每天都要吸进大量细菌，正是它们让奶牛场的工人们不得肺癌。

事实上，大部分被人类称为"脏"的东西里都富含细菌，上面这个调查的结果可以简单地概括成一句中国古话：不干不净吃了没病。

我们的老祖宗虽然没能发明出一套符合现代科学标准的医疗体系，却通过多年实践，积累了丰富的养生知识。就拿预防天花来说，詹纳并不是世界上最先发明牛痘的人，中国人早就发明了类似的接种方法，只不过老祖宗的方法非常原始（比如把生痘的病人的衣服脱下来给健康人穿）。

事实上，对于祖先留下来的很多古训，现代人必须小心对待。只有当科学家运用现代医学的研究方法搞清了它们的原理，我们才能放心大胆地使用。

那么，细菌这种不干不净的东西为什么能防癌呢？目前流行的观点认为，这和人的免疫系统有关。越来越多的证据表明，免疫系统是对付癌症的第一道防线，只有当免疫系统疏忽大意的时候，癌细胞才能侥幸逃脱，并迅速繁殖起来，形成肿瘤。病菌等脏东西入侵人体后，从整体上提高了免疫系统的活性，癌细胞也就难逃法网了。

那么，癌症的发病率越来越高，是否说明现代人的免疫系统越来越差呢？进化论告诉我们，人的身体是按照祖先的生存环境设计的。我们的祖先生活在一个比现在"脏"得多的世界里，他们一辈子接触到的脏东西比现在多很多倍，因此能活下来的都是那些免疫系统异常强大的人，他们的免疫系统早就习惯了长时间保持一级战备，随时准备清除异己分子。可是，免疫细胞是极富侵略性的细胞，它们一旦失去进攻目标，就会开始攻击自身，这就是那些所谓的"自身免疫病"（比如红斑狼疮和类风湿性关节炎）在现代社会如此猖狂的原因所在。

免疫系统并不是天生就能识别敌我的，它们需要适当训练，这种训练都发生在婴儿时期，所以，很多医生认为儿童应该从小就接触大自然，让免疫系统受到良好"教育"。2004 年发表的一项研究报告显示，有哥哥姐姐的孩子比独生子或者只有弟妹的孩子长大后患霍奇金氏淋巴瘤（Hodgkin's Lymphoma）的概率要低。进行这项研究的瑞典科学家艾伦·张（Ellen Chang）认为，家里有哥哥姐姐，就说明这个孩子小时候接触病菌的机会要多一些。

2005 年，英国科学家又发表了一份类似的研究报告，他们证明，从小就进托儿所的儿童患"儿童白血病"和霍奇金氏淋巴瘤的概率比从小在家养大的孩子低很多，道理是类似的。

来自德国哥廷根大学的科学家克劳斯·科梅尔（Klaus Kolmel）在儿童中使用多年的疫苗本质上就是人工诱发一次轻微的感染，用这种办法刺激儿童免疫系统，这些疫苗经受过严格的测试，发生不良反应的概率很低。

科梅尔博士找到了 603 名患有黑素瘤（Melanoma）的病人，统计了他们接种卡介苗和天花疫苗的情况，再随机抽取了 627 名相同条件的健康人，和前者对比，结果发现，凡是打过上述两种疫苗中至少一种的人，患黑素瘤的概率是不打疫苗的人的 30%。

进一步研究发现，那些小时候发过一次高烧的孩子长大后患黑素瘤的概率更低，显示幼时的感染能显著降低成人的癌症发病率。

还有一项研究从一个侧面支持了上述假说。那些因为需要进行器官移植手术而服用了免疫抑制剂的病人患黑素瘤的可能性是正常人的三四倍。

天花疫苗和卡介苗曾经是儿童必打的疫苗，但自从上世纪 70 年代后，由于天花和肺结核都被完全控制住了，这两种疫苗从很多国家的儿童免疫接种清单上消失了。近年来，西方国家的黑素瘤发病率增长迅速，但科梅尔博士认为这和停止接种疫苗无关。根据他的计算，天花疫苗和卡介苗的防癌特性会持续一段时间，上世纪 70 年代打过这两种疫苗的人现在仍在被保护阶段。2010 年之后，那些从未打过这两种疫苗的人进入中年，黑素瘤的发病率将迎来一次高峰期。

为了防止恐怖分子的袭击，美国于 2002 年重新在军队中接种天花疫苗。但是，疫苗的这种防癌特性也许会让很多已经停止多年的疫苗重新回到儿童的免疫接种名单上。

（2008.1.28）

食品打分与儿童肥胖症

孩子是否肥胖，不仅和孩子的饮食习惯
有关，父母的生活习惯对此也有贡献。

2008 年 1 月 15 日，中国卫生部正式颁布了《中国居民膳食指南》(2007 年版)，旨在帮助中国人合理地选择食物，改善国人的营养状况。可惜的是，这份《指南》是有版权的，老百姓不能随便引用，无论在卫生部还是中国营养学会网站上都没有刊登全文。相比之下，美国和英国政府颁布的膳食指南都可以在网上免费下载到全文。

一个国家全体居民的膳食结构不仅仅是老百姓的个人问题，它关系到整个民族的健康水平，和国家医疗体系的构建有着密切的关系。可是，政府不可能对老百姓吃什么做出硬性规定，它只能从食品广告入手，尤其是儿童食品广告，因为儿童的天性注定了他们很容易被广告所左右。

美国科学家 2007 年曾经做过一个有趣的试验。他们给一群 3～5 岁的儿童品尝两组食品，一组无包装，一组用麦当劳包装纸包好，结果儿童普遍认为用麦当劳纸包着的食品味道更好，虽然两组食品的来源是一样的。科学家甚至发现，就连麦当劳不卖的食品，比如胡萝卜，一旦包在麦当劳包装纸里都会让小孩认为更加好吃。

为了应对快餐食品的广告攻势，英国原首相布莱尔2007年7月发出警告说，如果食品公司缺乏自我约束的能力，英国政府将被迫制定法律，限制"垃圾食品"在儿童节目中做广告的次数。但是，制定这样的法律首先应该明确垃圾食品的定义。英国政府原来采用一种按食品营养成分分类的鉴别方法，蛋白质、脂肪、碳水化合物等不同的成分分别有各自的规定。结果，这个方案适用范围有限，不能把那些危害严重的垃圾食品和轻微有害的食品区分开来。如果按照这个方法来定义"垃圾食品"的话，打击面过大。

为了解决这个问题，英国通信管理局（Office of Communications）委托一个由营养专家组成的小组，研究开发出一套为食品打分的新程序。新程序把所有食品按照健康程度统一打分，凡是食品中含有的"坏"成分都被加分，"好"成分则相应减分。好坏的标准则严格按照英国政府为本国居民制定的《膳食指南》来区分。比如，盐、糖、热量（卡路里）和饱和脂肪酸等都属于坏成分，而蛋白质、纤维素、水果、蔬菜和干果则被视为好成分。

按照这个打分程序，白水煮小扁豆（Lentil）得分最低，为–9分，因此也最健康。餐馆卖的奶酪蛋糕则为+28分，最不健康。专家小组建议，凡是得分超过4分的都可以定义为"垃圾食品"。英国政府采纳了专家的建议，从2008年1

月 1 日起开始限制这类食品在儿童节目中的广告数量，逐渐过渡到 2009 年全面禁止这类广告。

英国是发达国家中第一个立法限制垃圾食品广告的国家，估计不久其他国家也会跟进，因为这些国家儿童的肥胖问题越来越严重了。不少科学家还建议，对垃圾食品的广告应该扩大到成人领域，因为有越来越多的证据表明，父母亲的健康状况和生出来的小孩的肥胖程度有着直接的关系。

英国科学家戴维·巴克（David Barker）早在 1992 年就曾提出过一个"节俭表现型理论"（Thrifty Phenotype Hypothesis），该理论认为儿童发胖和母亲的饮食习惯有关。母亲在怀孕早期如果只吃那些缺乏营养的垃圾食品，孩子就会以为自己即将降生在一个营养不良的环境里。为了适应这种环境，孩子会天生瘦小，代谢水平降低，变为"节俭"型。可如果这样的孩子生下来之后却营养充沛，其结果就会比普通孩子更加容易肥胖。

这个理论已经得到越来越多的实验证据支持，变成了科学界的共识。比如，最近一项实验证明，雌鼠在怀孕的前四天如果喂以低蛋白的食品，则生下来的小鼠比对照组更容易患高血压。这些小鼠的 DNA 顺序没有发生任何改变，改变的是 DNA 的修饰方式（也称"甲基化"）。经过甲基修饰的 DNA，其功能会发生一系列变化，影响到个体的"表现型"（Phenotype）。

这个"表现型"是遗传学名词，与其对应的名词叫作

"遗传型"（Genotype），指的是个体的遗传基因序列。传统概念认为，有什么样的遗传型，就有什么样的表现型。但是越来越多的证据表明，两个个体的基因序列可以完全一样，但却能表现出完全不同的性状，其原因就是 DNA 的甲基化程度不同。研究这一现象的学科名叫"表观遗传学"（Epigenetics），是目前遗传学领域里的热点领域之一。

"表观遗传学"的研究重点通常是母亲一方，因为母亲在怀孕期间有充足的时间和机会对孩子的 DNA 进行甲基化修饰。但是，有越来越多的证据表明父亲也对孩子的 DNA 修饰有贡献。比如，一项研究显示，如果男孩在进入青春期之前就开始吸烟的话，长大后生出来的孩子患有肥胖症的可能性比不吸烟的男孩要大。这项研究表明，"节俭表现型理论"同样也可以适用于父亲。

（2008.3.3）

姚明骨裂和可口可乐

姚明代言的可口可乐，他本人肯定是不
会喝的。

姚明的左脚踝发生了骨裂，火箭队本赛季剩下的比赛将
看不到他的身影。

CCTV 的体育新闻节目播出这则消息后，接下来却是姚
明主演的一则广告，主题词是：可口可乐，姚明的最爱。可
是，如果把"可口可乐"和"骨头"放在一起搜索，却会找
出很多文章，指责可口可乐是造成骨质疏松的罪魁祸首。

骨质疏松是老年人常见的一种症状，主要原因是骨头中
的矿物质（主要是钙元素）缺乏。如果骨头吸收钙的速度低
于钙的流失速度，骨头的内部结构就会被破坏，骨裂的机会
也会增加。从报道看，姚明的病因基本上与此无关，但因为
他代言的可口可乐一直有减少钙吸收的嫌疑，所以我们不妨
来检查一下可口可乐和骨质疏松之间的关系。

关于这个问题，专家意见明显分成了两派。以有机食品
公司和某些民间组织为代表的"有罪派"认为，可口可乐中
含有大量的磷酸和咖啡因，它们妨碍人体对钙的吸收，对骨

头的发育有负面影响。而以可口可乐公司和世界软饮料协会为代表的"无罪派"则反驳说，没有证据证明磷酸妨碍了人体对钙的吸收，咖啡因虽然有些作用，但幅度很小，几乎可以忽略不计。

那么，究竟哪一派的观点最可信呢？还是让科学家来说话吧。请看两个最具代表性的实验：

2001年，美国克莱顿大学（Creighton University）骨质疏松研究中心的科学家在《美国临床营养学杂志》上发表了一篇研究报告，证明磷酸和钙吸收没有关系。这项研究以20～40岁的女性为研究对象，分析了她们在饮用不同饮料后尿液中的钙含量。结果发现，饮用含咖啡因的饮料后，通过尿液流走的钙元素明显增加，但如果软饮料中只是含有磷酸，则没有变化（相比于只喝水的对照组）。咖啡因之所以增加了钙的流失，主要原因在于咖啡因能促使人体多排尿，因此，只要稍微补充一点钙就不会有问题了。而且，即使咖啡因确实有罪，那么富含咖啡因的茶、咖啡和巧克力等也一并成了罪犯。有那么多人陪绑，可口可乐公司是不会担心的。

问题的关键在于磷酸。磷酸可以增加饮料的口感，使之喝起来更加刺激，所以很多软饮料中都加有磷酸。但是，磷酸具有很强的酸性，很多工厂都用磷酸来清洗铁锈。有人抓住这个例子不放，把磷酸的腐蚀性无限扩大，声称如果把一块牛排浸泡在可乐中，第二天牛排就会被化掉。甚至连坚硬的牙齿也不能幸免，如果在可乐中浸泡一个晚上，也会被泡软。可惜的是，实验证明，上述两项指控都没有任何根据。不过，磷酸确实对牙齿的珐琅质有破坏作用，只是速度没那么快罢了。

那么，可口可乐是否就可以被判无罪呢？先不要着急下结论。2006年10月，《美国临床营养学杂志》又发表了一篇来自美国塔夫茨大学（Tufts University）的研究报告，该校人类营养学系的科学家对2500名平均年龄超过60岁的中老年人进行了一次问卷调查，然后把每人汇报的可乐饮用量和他们的骨头密度进行了对比。结果发现，女性的可乐饮用量确实和骨头密度有关，可乐喝得越多，骨头密度就越低。这一结果与年龄、体重、锻炼习惯和饮酒习惯等没有关系。

有趣的是，可口可乐对男性的骨头密度则没有影响。

曾经有人认为，可口可乐之所以降低了饮用者血液中的钙含量，是因为可口可乐取代了牛奶的位置。众所周知，牛奶中含有大量的钙，以及能够促进钙吸收的维生素D。可是，塔夫茨大学的研究人员分析了受试者的牛奶摄取量，发现这和可乐的饮用量没有关系。

进一步研究发现，可乐爱好者从食物中摄取的钙元素确实比对照组要低，具体原因还不清楚。他们猜测，这也许是因为喜欢喝可乐的人饭量变小，钙的摄取量自然也就降下来了。

这项试验虽然确立了女性的可口可乐饮用量和骨质疏松

之间的联系，但科学家认为这并不能在两者之间建立一种因果关系，因为他们目前还不清楚其中的机理，也许还有其他未知因素在起作用。

从上面两个试验可以看出，目前对于可口可乐和骨质疏松之间的关系，科学界尚无定论。退一步说，即使可口可乐确实影响了钙的吸收，只需要多喝牛奶，或者多晒太阳，就能解决问题。

可口可乐的问题不在这里，而在于它的宣传方式。可口可乐一直希望把自己和运动联系起来，事实上，奥运会历史上的第一个赞助商就是可口可乐。姚明的广告再一次把可口可乐推销给了中国的体育爱好者。可是，大量试验证明，高强度的运动后，如果大量饮用可乐类软饮料，反而会影响人体对水分的吸收。可乐中的主要成分是糖和酸，缺乏电解质，因此可乐中的水分很难被人体吸收。缺水的运动员如果大喝可乐，或者拼命饮水，效果都会适得其反，此时他们最需要的就是具有高渗透性的"运动饮料"，这才是姚明最适合代言的产品。不信你去观察一下 NBA 赛场，那些运动员在暂停时喝的肯定都是这类东西。如果姚明下场后拿起一罐可口可乐，他的体能教练肯定会冲上去一把抢过来扔掉。

（2008.3.10）

比赛前吃点色氨酸

最新的试验表明，5-羟色胺能让人变得
心平气和。

6月7日，中国足球队在世界杯预选赛亚洲区小组赛上输给了卡塔尔队，出线形势不容乐观。两队的第一回合交锋打成平手，赛后中国队抱怨那场比赛的裁判吹黑哨，憋了一肚子气。第二回合的比赛开始不久，裁判又吹给卡塔尔队一个点球，中国队的队员们认为这是误判，再次控制不住情绪，导致全队心态失衡、脾气急躁、犯规增多、动作变形，最后输掉了这场比赛。

即使那场比赛的裁判确实吹了黑哨，中国队也不应该急躁。急躁的结果往往对自己不利，这个道理大家都明白，可真的遇到这种情况，很多人都会失去理智，犯下大错。那么，应该如何避免冲动呢？

答案很可能是一种化学小分子——5-羟色胺（Serotonin）。

5-羟色胺是一种重要的神经递质。通俗说，神经递质就是在神经细胞之间传递信号的小分子。科学家们早就发现，5-羟色胺能够调节人的情绪，那些容易冲动、比较好斗的人的大脑内 5- 羟色胺水平往往比正常人低。但是，没人知道 5- 羟色胺是否真的是导致冲动的原因。

2008 年 6 月 5 日，世界著名的《科学》杂志在其网络版上刊登了英国剑桥大学科学家莫莉·克罗克特（Molly Crockett）及其同事发表的一篇论文，第一次证明了 5- 羟色胺和冲动之间的关系。

克罗克特找来 20 名志愿者，让其中一半的人服下一种神秘的药丸，短暂降低他们大脑中的 5- 羟色胺水平。然后她让志愿者们玩一种游戏，组织者给玩家发钱，然后让得到钱的人从中拿出一定比例的钱分给另一个玩家。后者有权决定是否接受这个分配方案，如果他觉得不公平，可以拒绝，但是这样的话两名玩家就都拿不到钱了。

想象一下，如果第一个玩家得到 13 英镑，分给第二个玩家 6 英镑，后者应该没什么不满意的，但是如果第一个玩家得到 30 英镑，仍然只分给第二个玩家 6 英镑，后者肯定会觉得不公平。问题在于，如果后者因愤怒而拒绝，那么虽然前者一分钱也没拿到，他本人也落得个两手空空，其结果比他接受分配方案（从而拿到 6 英镑）要差。

克罗克特把第一名玩家"拿出高于 45% 的钱给下家"的分配方案定义为"公平"；低于 45%、高于 30% 的分配方案定义为"不公平"；如果第一个玩家只肯拿出 20% 的钱给下家，则被定义为"极度不公平"。研究结果表明，5- 羟色胺能够影响试验者的选择，让他们更加倾向于拒绝不公平的方案。比如，对照组拒绝了大约 65% 的"极度不公平"的分配方案，而 5- 羟色胺水平低的试验组，这个数字是 80% 以上。

克罗克特还对比了两组试验对象的情绪变化、对公平的判断力，以及他们对金钱奖赏的看重程度，结果说明两者没有区别。因此，克罗克特认为，两组试验对象之所以做出不同的选择，完全是因为 5- 羟色胺让人对"不公平"产生了更加强烈的抵触情绪。

"对'公平'的喜好是人类共有的特征。"克罗克特说。以前的试验多次表明，即使冒着失去几个月工资的危险，试验对象仍然会选择公平，放弃金钱。

克罗克特的这项试验清楚地表明，缺乏 5- 羟色胺的人会对"不公平"更加无法忍受，因此就会做出在常人看来非常"冲动"的决定。好比中国足球队，明知冲动的结果对自己不利，但最后却仍然选择了冲动。

如果这个结论是对的，接下来的问题就是：如何提高大脑内 5- 羟色胺的水平？遗憾的是，5- 羟色胺不能通过血脑屏障，因此口服或者注射 5- 羟色胺不起作用。但是，科学家知道，5- 羟色胺是用色氨酸为原料（科学术语叫作"前体"）合成出来的，色氨酸是可以通过血脑屏障进入大脑的。因此，只要提高色氨酸的水平，就能间接提高 5- 羟色胺的含量。

事实上，克罗克特正是通过阻断色氨酸的办法，让受试者短暂缺乏 5- 羟色胺的。

色氨酸是人体必需的 20 种氨基酸中的一种，人体无法自己合成，必须从食物中摄取。巧克力、大豆、鸡汤等食品中富含色氨酸，这也就是这些食品在很多国家都被认为能够让人高兴的原因。

5- 羟色胺是褪黑激素（Melatonin）的前体。褪黑激素大家都知道，是一种调节睡眠的小分子。因此，服用色氨酸还能帮助睡眠。

色氨酸转变为 5- 羟色胺的过程需要两种酶的参与，其中最主要的酶叫"色氨酸羟化酶"（Tryptophan Hydroxylase）。研究表明，某些雌激素能够影响色氨酸羟化酶的水平，这就可以解释为什么某些女性在月经前会有明显的情绪波动。

（2008.6.16）

警惕果糖

就像脂肪有好坏之分一样，糖也有好坏
之分。

夏天是水果销售的旺季，不少人干脆以果代粮，以为这样能减肥。可是，大量事实证明，这种减肥法很不可靠。水果比粮食好吃，一不小心就会吃多了。那么，严格控制水果的食量，每天消耗多少卡路里就补充多少卡路里的水果，是不是就没问题了呢？答案也是否定的，原因就是水果中的果糖。

为了说清这个问题，必须先来复习一下高中化学。我们知道，碳水化合物是人类最重要的能量来源。碳水化合物的基本单位叫作"单糖"，单糖首尾相连形成的长链叫作"多糖"。自然界最常见的三种单糖分别是葡萄糖、果糖和半乳糖，自然界最常见的多糖则是大家都很熟悉的淀粉。淀粉水解后可以还原成一个个单糖，具体来说，就是一个个葡萄糖分子。

我们去副食品商店里买的做菜用的"糖"是蔗糖，蔗糖不是单糖，而是由一个葡萄糖分子和一个果糖分子结合而成的"双糖"。

如果从能量角度看，三种单糖都差不多。但是，它们的代谢途径很不一样。其中，葡萄糖最好消化，几乎任何一种细胞都可以直接利用葡萄糖。半乳糖和果糖则都需要一些特殊的酶才能转化成能量。于是，人吃进去的果糖大部分都必须运送至肝脏中才能被消化利用。

这三种单糖的另一个最显著的不同就是甜度。果糖最甜，其甜度是葡萄糖的 2.3 倍，乳糖的 10.8 倍！所以，要想判断某种食品中不同单糖的百分比，依靠甜度就可以猜个八九不离十。就拿水果来说，苹果和梨最甜，其果糖含量比葡萄糖多一倍。葡萄、香蕉和桃子甜度稍差，两种单糖的含量则几乎相等。

古代人摄取果糖的主要来源就是那些有甜味的食品，比如水果、甘蔗、甜菜和蜂蜜等等。现代人则多了一种来源：软饮料。事实上，最早的软饮料都是用蔗糖来调味的，但是由于美国政府为蔗糖进口设置了很高的关税，而美国又盛产玉米，所以产自美国的软饮料大都改用一种"高果糖玉米糖浆"（High-Fructose Corn Syrup，简称 HFCS）来调味。顾名思义，这种糖浆来自玉米淀粉的水解产物，但是前文说过，淀粉水解后只产生葡萄糖，不够甜，于是人们用一种酶催化了一下，把一部分葡萄糖变成了果糖。现代软饮料工业普遍采用 HFCS 55 来调味，也就是说，这种糖浆中的果糖含量为 55%，葡萄糖则为 45%。

就像脂肪按照"饱和程度"的不同被分成"好脂肪"和"坏脂肪"一样，单糖也有好坏之分。一直有人怀疑软饮料中的 HFCS 是导致美国人体重增加以及糖尿病发病率升高的罪魁祸首。比如，美国拉特格斯大学科学家何其傥（Chi-Tang Ho）2007 年发表了一篇论文指出，HFCS 在生产过程中会产生大量羰基化合物，比如臭名昭著的甲基乙二醛（Methylglyoxal）。这种东西能够直接破坏细胞组织，导致糖尿病病人病情恶化。

那么，纯粹的果糖是否同样有害呢？由于各种原因，关于这个问题的人体试验做得很少，直到 2008 年才终于有了第一个结果。美国加州大学戴维斯分校的彼得·哈维尔（Peter Havel）教授在 2008 年 6 月底召开的美国内分泌学会年会上报告了他们的试验结果。哈维尔教授招募了 33 名体重超重的志愿者，把他们分成两组，其中一组饮食中 25%的能量来源是果糖，另一组则是葡萄糖。两组志愿者在吃了十个星期这种特殊饮食后平均体重都增加了 1.5 公斤，但果糖组志愿者们增加的体重都集中在了小肚子上，准确地说，他们腹腔内脏周围的脂肪层显著增厚，而这一现象在葡萄糖组中则没有出现。

果糖组志愿者的"胰岛素敏感度"也下降了 20%，葡萄糖组则没有变化。

哈维尔教授没有给出造成这种差别的原因，但是，腹腔脂肪层增厚历来被认为会增加糖尿病和心血管疾病的发病率，"胰岛素敏感度"下降也是糖尿病的先兆之一。因此，哈维尔教授建议"代谢综合征患者"，也就是那些有啤酒肚的，以及对胰岛素的敏感度有下降趋势的人尽量少喝软饮料。

有趣的是，这项研究的资助者是百事可乐公司。该公司的一位发言人称，哈维尔教授的试验只是一种理想状态，事实上软饮料中不可能只含有果糖而不含有葡萄糖，即使用蔗糖代替 HFCS 糖浆，其中也含有一半的果糖。如果较真的话，这位发言人的话是没错的。但是，既然果糖有如此多的嫌疑，那么还是尽量少吃它为妙。

（2008.7.14）

人造母乳

目前市场上出售的婴儿配方奶粉和母乳有很大的差异。

由于各种原因，总有一些母亲不能或者不愿意亲自喂养自己的小孩。以前的富人可以雇用奶妈来解决这个问题，但现在她们只有一个选择：购买婴儿配方奶粉。

市场上出售的绝大部分婴儿配方奶粉都是在牛奶或者豆浆的基础上制成的。之所以叫作"配方奶粉"，是因为牛奶或豆浆本身并不适合初生婴儿食用，必须按照特定的配方补充一些营养成分。2001年，世界卫生组织（WHO）发表报告指出，按照科学配方配制的婴儿奶粉在营养上和母乳没有区别。但是，这份文件同时强调说，各国政府应该大力提倡母乳喂养，至少在婴儿出生后的头六个月完全用母乳，因为母乳中含有很多特殊的微量物质，而婴儿出生后的前半年是发育过程中最脆弱的时期，母乳中含有的这些特殊物质可以帮助婴儿安全度过。

研究表明，母乳中含有的微量活性物质有上百种之多，科学家们正在逐一分析它们的成分。目前已知母乳中含有很多免疫因子、抗体、酶以及几种肠道细菌，它们可以帮助婴儿强化免疫系统，优化消化道内环境。不仅如此，2005 年发表的一份研究报告指出，母乳中居然含有少量内源性大麻素（Endocannabinoid），大麻就是依靠它来刺激食欲的，婴儿的吮吸动作同样可以被这种大麻素所调节。

更绝的是，母乳成分还会随着时间而变化，以适应婴儿在不同发育期的不同需要。比如，内源性止疼剂 β - 内啡肽的含量在婴儿刚出生时最高，之后逐步下降。

正是因为母乳的这些独特的成分，使得母乳成为公认的婴儿最佳食品。研究表明，即使在美国加利福尼亚州这样的发达地区，母乳喂养的婴儿都会比食用婴儿配方奶粉的婴儿更不容易生病，生病的时间也会缩短。可是，发达国家的母亲因为工作忙，或者出于美容的需要，很多不愿意亲自哺乳。据统计，美国只有 11% 的母亲在婴儿出生头六个月内只喂母乳，英国的这个数字更是低到了 3%。因此婴儿配方奶粉在这些国家具有非常大的市场。

发展中国家的母亲们虽然母乳喂养的比例高，但在非洲的许多艾滋病高发地区，母乳喂养是婴儿传染艾滋病的最主要的原因，这些国家对婴儿配方奶粉的需求也相当大。

既然婴儿配方奶粉有这么大的市场，为什么不能研制出更接近母乳的奶粉呢？

事实上，类似尝试早就开始了。因为人蛋白质不容易制造，成本太高，科学家们首先想到用动物的蛋白质顶替。比如，日本、韩国和新加坡出售的某些婴儿配方奶粉中就添加了牛乳铁蛋白（Bovine Lactoferrin）。这是一种能结合铁元素的蛋白质，一方面能帮助婴儿更好地吸收铁，另一方面也可以让感染的细菌因缺铁而死亡。可惜，这一做法并没有带来明显的功效。美国加州大学戴维斯分校的波·朗纳戴尔（Bo Lonnerdal）教授发现，人的肠道中含有特殊的乳铁蛋白受体，只能接收人乳铁蛋白，对牛乳铁蛋白不起反应。

很多类似的蛋白质添加剂也都遇到了同样问题，甚至牛奶中含有的作为营养物质的蛋白质本身也遭到了质疑。不少科学家认为，大部分婴儿配方奶粉中的蛋白质含量比人奶多50%，有人认为这些多出来的蛋白质会刺激婴儿分泌胰岛素，这就是现代人容易肥胖的原因之一。可是，如果把蛋白质含量降下来也不行，因为牛奶中的蛋白质是专门为牛准备的，其氨基酸组成和人奶不一样。如果婴儿服用了等量的牛蛋白质，就会造成某些氨基酸吸收不足，同样会产生问题。

于是，要想生产出足够逼真的人造母乳，就只剩下了华山一条路——利用基因工程的办法生产人的蛋白质作为婴儿配方奶粉的添加剂。位于美国加州的 Ventria Bioscience 生物技术公司把人的乳铁蛋白和溶菌酶（Lysozyme）基因导入大米中，用大米廉价地生产出了这两种蛋白质。在秘鲁进行的一项试验证实，用这两种人蛋白质制成的饮料可以增强婴儿抵抗腹泻的能力。该公司下一步就将试验把这两种蛋白质加入婴儿配方牛奶中，试验其功效。

问题在于，母亲们是否愿意让孩子吃转基因食品？

（2008.7.28）

黄豆，吃还是不吃？

豆制品真的会影响男性的生育能力吗？
请看真相。

　　2008 年 7 月 24 日，中国新闻网刊登了一条新闻，标题很能吸引人的眼球：男性摄入过多黄豆制品会降低精子质量。该文称，美国哈佛团队 7 月 23 日发表研究结果，男性如果摄入过量的黄豆制品，里面的雌激素可能导致精子质量降低，甚至不孕。黄豆以及豆制品是中国人最常吃的食品之一，任何关于黄豆的新闻肯定会引起广泛关注。果然，这篇文章迅速被国内多家媒体转载，在公众中引起很大反响。那么，事实真相到底是怎样的呢？

　　原来，这个消息来自《人类生殖》（*Human Reproduction*）杂志 2008 年 7 月 23 日发表的一篇论文，该论文的第一作者是美国哈佛大学公共卫生学院营养学系的教授约格·查瓦罗（Jorge Chavarro）。查瓦罗和他的同事们招募了 99 名志愿者，其中 90% 是白种人，平均年龄 36.4 岁。这些人都曾经去马萨诸塞州一家治疗不孕症的医院检查过身体，因此可以比较容易地得到他们的精液。查瓦罗教授让这 99 名志愿者填写了一张详细的问卷，调查了他们在最近的三个月里食用豆制品的情况，然后用统计学的方法研究了他们的精液质量和豆制品食用量之间的关系。结果显示，在排除了年龄、体重、尼古丁、咖啡因和酒精的影响之后，受试者的精子浓度和豆制品的食用量成反比，豆制品吃得最多的那组男人的精子浓度平均比不吃豆制品的那组男人少了4100万/毫升，或者说，少了1/3。

为什么会这样呢？查瓦罗提出一个假说，认为豆制品中含有大量的异黄酮（Isoflavone），这是一种植物雌激素（Phytoestrogen），能够在人体内模仿人类的雌激素，干扰精子的生产过程。但是，查瓦罗在论文中特别强调，那99名志愿者每次射精产生的精子总量以及精子的形态和活动能力等与质量有关的参数，均不受豆制品食用量的影响，中国新闻网的那条新闻显然犯了一个低级错误。

话虽这么说，精子的浓度当然也是关乎男性生殖能力的一项重要参数，因此，我们有必要仔细考察一下查瓦罗实验的真正含义。

首先，中国新闻网没有提到的是，查瓦罗实验中的男性志愿者的精子浓度均在正常范围内，最低的那组受试者的精子浓度也比公认的正常范围底线高出两倍多。也就是说，即使这些人的精子浓度有些低，但理论上不会影响他们的妻子的受孕概率。

其次，查瓦罗实验的志愿者当中有72%的人在临床上可以定义为肥胖病人。有人认为，胖人体内的激素平衡本来就处于危险状态，这才给了异黄酮以可乘之机。因此他们建议，只有那些精子浓度本来就很低的胖人才有必要减少豆制品的食用量。

但是，即使是这样一个非常保守的建议，也遭到不少人的质疑。

首先，请先试着回忆一下你最近三个月吃了几次豆制品，每次吃了多少。恐怕大多数人都无法准确地回忆吧？事实上，不少人怀疑查瓦罗能否通过调查问卷的方式确定受试者的豆制品食用量。

其次，豆制品中异黄酮的含量也是很难预测的。不同牌子的豆浆，不同硬度的豆腐，其中的异黄酮含量都不相同。因此，如果只用豆制品的总量来估算异黄酮的摄入量，就会非常不准确。

事实上，查瓦罗在那篇论文中提到，英国科学家米切尔（Mitchell）曾经在2001年做过一个实验，直接给14名年轻男性服用异黄酮，每天40毫克，为期六个月。这个剂量相当于每天喝一杯豆浆，或者吃一块豆腐。结果，米切尔并未发现这些人的精子浓度和质量有任何改变。

查瓦罗认为，米切尔的实验样本数量太少，不足以说明问题。那么，美国科学家宋（Song）等人曾经在2005年做过一个类似的实验，研究了48名精子异常的男性和10名正常男性的精子质量与异黄酮服用量之间的关系，得出的结论和查瓦罗正好相反，异黄酮不但不会影响精子的数量和质量，而且还能有效地减少精子DNA受到损伤的可能性。

但是，米切尔和宋的这两篇论文均没有在媒体引起任何关注。这是为什么呢？道理其实很简单：媒体习惯于制造轰动效应，既然专家们都说豆制品比较健康，那么一旦有人说豆制品的坏话，肯定能引起更多人的关注。

换个角度再来看这个问题，你就会发现这其实根本不是个问题。亚洲人喜欢吃豆腐，难道亚洲人的生殖能力受到影响了吗？事实恐怕正相反呢。

退一步说，即使将来有科学家能够证明异黄酮的确减少了精子浓度，也不可能撼动豆制品的地位。早有很多实验证明，豆腐提供的植物蛋白对心血管系统有很多好处，豆制品的优点远大于缺点。

（2008.8.25）

关节保健药有效吗？

葡萄糖胺和硫酸软骨素是目前最流行的骨关节炎保健药，但它们的疗效正被越来越多的临床试验所否定。

　　如果你人到中年，走路久了或者上下楼梯时膝关节会刺骨地疼，或者在电影院里坐久了突然起身，也会感到髋关节阵阵发疼，那么，你十有八九得了骨关节炎。

　　民间通常把骨关节炎叫作"退行性关节炎"。"退行性"的意思是说，这种病是关节使用过度造成的机能退化。医生会告诉你，得这种病说明你的软骨被磨薄了，失去了对关节的润滑和缓冲作用。于是，你的骨头在关节点上发生了骨对骨的直接摩擦，这能不疼吗？

　　怎么办？医生们遗憾地告诉你，这种病没有特效药，很难根治，只能慢慢保养。然后医生们大都会建议你吃一种保健药，主要成分为葡萄糖胺（Glucosamine）和硫酸软骨素（Chondroitin Sulfate）。你上网调查，发现葡萄糖胺是合成软骨和关节润滑液的重要前体，硫酸软骨素也是软骨的重要组分。你记得在中学化学课上学过，增加反应物的浓度，一定会提高产物的浓度。于是你得出结论说，补充这两种合成软骨的前体物质肯定会对软骨的再生有作用吧？于是你决定掏钱购买。好心的医生告诉你，这两种药在欧美保健用品商店里都有卖，价格比国内便宜，于是你便四处打听最近谁出国，请他帮忙带点回来。

上面这个故事听起来很熟悉，对吗？事实上，很多中老年人都有过类似的经历。骨关节炎是中老年人最容易得的一种关节炎，远比风湿性关节炎要普遍。

且慢下单！让我们来看一看医生们没有告诉你的一些事情。

首先，葡萄糖胺和硫酸软骨素在美国是作为保健药销售的，并没有被美国食品与药品管理局（FDA）批准作为治疗骨关节炎的正规药物使用，因此它们不必通过临床试验就能在美国销售。但是，这两种药在其他一些国家被作为药物使用，因此很多实验室都对它们的毒性和疗效做过临床试验。

最早进行大规模临床试验的是这两种药的欧洲专利持有者罗达制药公司（Rottapharm），由他们资助的临床试验结果证明这两种药确实能够减轻骨关节炎病人的痛感。但是，一些独立实验室稍后进行的临床试验却得出了相反的结论，这些试验证明这两种药和安慰剂没有差别。

安慰剂指的是没有疗效但却让患者误以为有疗效的药物。研究显示，安慰剂效应是一种非常普遍的现象，安慰剂对于很多疾病的有效率竟然可以高达 30% 以上。因此一批科学家于 1948 年提出了新的临床试验法规，并逐渐被国际医疗机构普遍采纳。按照新的法规，所有药物必须经过"随机对照双盲试验"的检验才能被批准上市，这个新法规的主要目的就是为了剔除安慰剂效应，找出真正有效的药物。

但是，同样是"随机对照双盲试验"，在具体执行的时候会有很大差别。比如试验对象的数量、判断疗效的标准、统计数据的处理方法等等都会对试验结论产生影响。就拿葡萄糖胺来说，不同的临床试验产生了完全不同的结果，消费者很难判断。面对这种混乱局面，美国国立卫生研究院（NIH）曾经资助过几名波士顿大学的研究人员对国际上已经进行过的所有临床试验进行普查。研究者从浩如烟海的研究资料中找出了 15 个符合科学要求的临床试验，并用统计学方法对这 15 个试验的数据和结果进行了分析对比。他们发现，由制药厂赞助的临床试验其结果往往都是有效的，而独立机构做的试验其结果却都正相反。

这篇论文发表在 2007 年 2 月号的《关节炎和风湿病》（*Arthritis & Rheumatism*）杂志上。论文作者得出结论说，葡萄糖胺对于减轻骨关节炎患者的疼痛没有效果，而那些临床试验的结果之所以有差别，可能是由于研究者使用的葡萄糖胺来源不同，或者病人分组方式有错误，或者没有严格实行保密措施（双盲试验必须严格保密），甚至有可能是制药厂在分析结果时带有偏向性。

你可能会问，葡萄糖胺也许不能立即减轻痛楚，但它是软骨的前体，从长远看肯定能促进软骨的再生，减缓病情的恶化速度吧？美国犹他大学医学院的阿伦·萨维兹克（Allen Sawitzke）教授试图回答这个问题。他招募了572名骨关节炎患者，对他们进行了"随机对照双盲试验"。他用测量患者的关节腔宽度（JSW）的办法来判断药物的有效性，结果证实葡萄糖胺和硫酸软骨素对于软骨的保养作用与安慰剂没有任何区别。

这个试验的结果刊登在2008年9月29日的《关节炎和风湿病》杂志上，试验经费来自NIH的"补充及替代医学国家中心"。NIH的关节炎专家史蒂芬·卡兹（Stephen Katz）在评价这个试验的结果时说，有越来越多的证据表明，骨关节炎是一种病因复杂的疾病，与病人的年龄、性别、遗传、肥胖程度和关节损伤等因素都有关系。

主流医学界认为，磨损并不是造成骨关节炎的唯一原因，某些疾病（比如高血压、糖尿病和痛风）、肥胖、遗传因素以及关节损伤更有可能是致病原因。因此，治疗骨关节炎更有效的方法是休息、减肥以及适当的体育锻炼。锻炼不但能够帮助减肥，而且能强化关节附近的肌肉群，减轻关节受到的压力。

（2008.11.3）

吃点苦有好处

世间万物皆为毒药，之所以有些东西不是毒药，只是因为剂量不够。

理查德·多尔（Richard Doll）爵士是英国历史上一位很有名的流行病学专家，是他最早证明了吸烟会引起肺癌，也是他最早把放射性和白血病联系起来。为了进一步证明放射性的危害，他还曾经对比过放射科医生和其他科室医生的平均寿命，却意外地发现前者反而比后者活得长些。

上世纪 80 年代，美国约翰·霍普金斯大学的科学家顺着多尔爵士的思路，研究了 2.8 万名在核燃料运输码头工作的搬运工在九年间的死亡率，并和 3.25 万个其他码头的搬运工做了比较，结果发现前者的死亡率反而比后者低了24%！谁都知道高剂量的放射性对人体危害很大，这个令人惊讶的结果只能说明，低剂量的放射性也许对身体健康有某种神秘的好处。

其实早在 1888 年，德国药剂师胡果·舒尔茨（Hugo Schulz）就找到了一个类似的案例。他发现高浓度的重金属能毒死酵母菌，但微量的重金属反而能促进酵母菌的生长。

也就是说，重金属既可以是毒药也可以是良药，两者之间的角色转换只是取决于浓度。

再往前推，16世纪的瑞士曾经出过一个很有名的江湖郎中，名叫帕拉塞尔苏斯（Paracelsus）。他花了一辈子时间研究生命的奥秘，推翻了很多前人的医学理论。他尤其喜欢研究毒药，认为世间万物都是有毒的，而很多被认为是毒药的物质在小剂量的情况下很可能对人体有益。后来他把毕生的经验总结成一句振聋发聩的话："世间万物皆为毒药，没有任何东西不是毒药。之所以有些东西不是毒药，只是因为剂量不够。"

因为他的这个观点，后人把帕拉塞尔苏斯尊称为"毒理学之父"。

这个提法颇有些哲学的意味。但哲学不能治病，要想把这个思路用到医疗上来，还必须有符合科学标准的临床试验做基础才行。

毒理学研究的首要任务就是准确地描述毒品剂量和毒性的关系。传统理论认为，世间所有毒品都遵循两种模式。一种是线性模式，即毒性和毒品剂量呈正相关关系，小剂量有小毒性，大剂量有大毒性，大部分致癌物就被认为符合这种模式。另一种是阈值模式，即毒品剂量小时完全无害，只有超出了某个阈值才会产生危害。这种模式的适用范围更广泛，比如说，即使是水，超出一定浓度对人体也是有害的。

前文提到的重金属对酵母菌生长的影响则属于另一种

全新的模式。1944年，两位专家在真菌中发现了类似效应，一种真菌抑制剂在低浓度时反而促进了真菌的生长。两人把实验结果总结成一个新概念，叫作"毒物兴奋效应"（Hormesis）。这个词来自希腊文，意为"刺激"。这个概念是说，某些毒物在低剂量的时候反而有益。如果画一条毒性和毒品剂量的相关性曲线，这条曲线将是典型的"双相曲线"，低浓度时浓度越高越有益，当浓度上升到某一阈值后，浓度越高则越有害。

举例说，实验证明，高浓度的镉能毒死蜗牛和苍蝇，但低浓度的镉反而能提高它们的生殖能力。高剂量的辐射能杀死任何动植物，但低剂量的辐射却有助于提高植物的生长速度，并能让蟋蟀和小鼠更长寿。

"毒物兴奋效应"理论是毒理学界最具争议性的理论，因为其机理还没有搞清楚。但这并不妨碍一些科学家把这一理论延伸开来，把毒物的概念扩展为一切生存压力，包括饥饿、高温、感染、紧张……所有那些听上去不那么美好的生理刺激。新的理论认为，适当的生存压力对生命是有好处的，生存压力会促使生命体启动应激机制，而这种应激机制具有延迟效应，在生存压力消除后仍能起到某种积极作用。

比如，哺乳动物在细菌感染、重金属中毒或者发烧时会分泌一种"热休克蛋白"，它们能和细胞内的其他功能性蛋白质结合在一起，保护它们不被破坏。警报解除后，残余的"热休克蛋白"仍然能起到某种保护性作用。再比如，人在进行体力劳动时大脑会分泌某种生长激素，促进神经细胞的生长，这大概就是锻炼身体能够延缓帕金森病发病速度的原因。体育锻炼还能让人的身体处于轻度的"新陈代谢压力"状态（饥饿同样也会产生这种效果），这种状态能提高身体对胰岛素的灵敏度，这对减缓糖尿病的症状有好处。

"毒物兴奋效应"甚至能解释为什么蔬菜和水果是健康食品。以前人们曾经认为蔬菜水果能帮助人体清除有害的自由基，但临床试验一直没能证明这一点。美国马萨诸塞大学公共卫生学院的爱德华·卡拉布莱斯（Edward Calabrese）教授认为，蔬菜和水果中含有很多植物特有的化学成分（Phytochemicals），这些植物小分子本质上就是杀虫剂，是植物经过多年进化产生出来的对付食草动物的武器。人吃的蔬菜水果数量有限，摄入的植物毒素不足以对健康产生危害，但低剂量的植物毒素反而能促使人体产生应激反应，这才是蔬菜水果之所以对健康有好处的真正原因。

（2009.2.16）

吃海鲜有讲究

海鲜中的汞含量非常高，不宜多吃。

戴维·尤因·邓肯（David Ewing Duncan）是美国著名的健康记者，他经常拿自己做实验，以亲身经历为素材，报道食品中的健康问题。不久前，他又拿自己做了一个实验，目的是想看看海鲜对人体血液中的汞含量有何影响。他先是拿一条刚从旧金山海湾里钓上来的大比目鱼当午饭，晚饭又吃了一条同样来自这一海域的剑鱼，结果他血液中的汞含量从前一天的 4 微克/升上升至 13 微克/升！要知道，美国环保署（EPA）建议的安全值为 5.6 微克/升，两顿海鲜饭就让邓肯大大超标了。

汞是臭名昭著的有毒金属，但在半个世纪前，人们对汞的危害还一无所知，竟然拿它来制作温度计。1956 年日本爆发了著名的水俣病事件，后来被证明就是汞惹的祸。水俣镇靠近日本南部一个名叫"不知火海"的渔场，上世纪初很多日本化工企业进驻水俣镇，向"不知火海"里排放了大量甲基汞（Methylmercury）。村民们吃了从这个海里捞上来的海鲜，终于酿成惨祸。

汞在大自然中无处不在，火山喷发和化石燃料（尤其是煤）的燃烧不断把汞释放到大气和土壤中，但通常情况下，人们从环境中接触到的无机汞含量非常低，再加上人体对无机汞的吸收能力有限，尚不至于造成危害。目前人类最大的汞污染源就是海鲜，因为海洋中的厌氧菌会把自然界的无机汞变成甲基汞。甲基汞是有机汞，能和半胱氨酸（Cysteine）牢固地结合，形成所谓的"螯合体"。半胱氨酸是组成蛋白质的 20 种氨基酸之一，甲基汞因此也就和蛋白质牢固地结合在一起，很难被排出体外。据估算，甲基汞在海洋生物体内的半衰期平均高达 72 天，这就为甲基汞的富集提供了条件。含有甲基汞的细菌被海藻吃掉，海藻被小鱼吃掉，小鱼再被大鱼吃掉……也就是说，越是位于食物链顶端的鱼，或者体积越大（寿命越长）的鱼，其体内的汞含量也就越高。邓肯那次实验吃掉的大比目鱼和剑鱼都是体积巨大的食肉鱼，它们往往肉味鲜美，正是海鲜爱好者们最喜欢吃的鱼类。

不用说，人类位于这条食物链的最顶端，吃掉的甲基汞也就最多。邓肯的例子生动地告诉我们，两顿海鲜大餐就能把血液中的汞含量提高三倍之多。但是，到底多高的汞含量会对邓肯的健康造成影响呢？这就不好说了。水俣病事件发生后的调查表明，甲基汞造成的危害因人而异，人体对甲基汞毒性的耐受力在很大程度上是受基因控制的。

如前所述，甲基汞进入人体后会迅速地和半胱氨酸结合，形成螯合物。这种螯合物和蛋氨酸（Methionine）非常相似，因此得以被人体内的蛋白质运输系统误以为是蛋氨酸，顺利地通过血脑屏障和脐带屏障进入大脑和婴儿体内，危害脑神经和婴儿的正常发育。人体内负责清除重金属污染的主力部队名叫谷胱甘肽（Glutathione），顾名思义，这是由谷氨酸、半胱氨酸和甘氨酸结合而成的三肽，能够从半胱氨酸手里把汞离子抢夺过来，消除它的毒性。不同的人体内的谷胱甘肽含量不同，排毒效果也就很不一样。正常人能在30～40天内把甲基汞排出体外，但有的人则需要高达190天才能做到。

瑞典隆德大学（Lund University）的分子生物学家凯伦·布隆伯格（Karin Broberg）博士2008年进行过一项基因学调查，她找来365名志愿者，通过对他们的排毒能力和基因组差异的对照研究，发现两种分别叫作GCLM和GSTP1的基因能够影响甲基汞的代谢速度。这两种基因能够促进"谷胱甘肽硫转移酶"（Glutathione-S-Transferase）的合成，这种酶能够保持谷胱甘肽在血液中的含量，从而影响排毒的效率。

这项研究的目的是想找到一种简便的基因诊断法，以便医生们能迅速、准确地判断出每个人的排毒能力。这是一门新兴的学科，名叫"环境基因组学"（Envirogenomics）。这个领域的研究者需要在生理学、环境科学和基因组学等多个学科之间进行广泛合作，2008 年哈佛大学就曾拨出专款，委任三个研究小组在这一领域开始探索性研究。

"这个领域的研究还处于初级阶段，我们还没有能力对每个人的抗毒能力做出准确的判断。"布隆伯格博士警告说，"像汞这类重金属在人体内的代谢途径非常复杂，必须对更多的基因位点进行统计学研究才能得出相对准确的结论。"

此前我们应该如何吃海鲜呢？美国 FDA 以及很多专家都建议，尽量吃食物链底层的、体形较小的低龄鱼，它们体内的汞含量相对较低。

当然，人人都去吃小鱼肯定是不现实的。如果你舍不得鱼的营养又不想患上汞中毒，还有一种办法就是吃鱼肝油。最近一家独立研究机构调查分析了 41 种市面上流行的鱼肝油产品，没有发现任何一种含有汞元素。鱼肝油的制作工艺决定了其中的汞元素含量肯定是非常低的，不必担心。

（2009.4.13）

气候变化和糖尿病

糖尿病也许是人类对付气候变化的一种
手段。

气候变化和糖尿病看上去是两个毫无关联的概念，但两者之间有一条隐秘的通路。要想走过去，必须首先了解大西洋暖流、新仙女木、冰酒和树蛙。

好莱坞大片《后天》为我们描述了一个冰河期的恐怖景象。对这部电影，气象学家们大都嗤之以鼻，他们反对的并不是冰河期本身（这一天迟早会到来），而是冰河期到来的速度。地球的气候绝不可能像电影里描述的那样，在几天的时间里下降十几度，除非发生行星撞地球这样的小概率事件。

《后天》里展现的冰河期居然源自全球气候变暖，这倒确实是有根据的。原来，在大西洋中部有一个顺时针方向流动的环形"湾流"（Gulf Stream），其中有一股水流被抛出来，向北流去，顺便把来自赤道地区的热海水带到了北边。美国东北部以及北欧诸国都受益于这股"大西洋暖流"，这两个地方冬天的温度都比同纬度的世界其他地区高出好几度，部分原因就在于此。

热海水流到北极圈附近后变冷，比重增加，因此便沉到海底，再从海底流回赤道附近，完成一个循环，术语叫作"经向翻转环流"（Meridional Overturning Circulation，简称 MOC）。电影《后天》告诉观众，全球变暖加速了北极冰的融化，使得北极附近的海水盐度降低，比重因此也随之降低，抵消了海水变冷带来的比重增加。于是，北极附近的海水不再下沉，MOC 便被中止了。没了 MOC，来自赤道附近的热海水便不再光顾北大西洋，于是美国东北和北欧便恢复了其纬度应该有的温度，变得寒冷异常。

这个现象确实可能发生，但目前看来绝不会这么快。就在 2007 年，联合国政府间气候变化委员会（IPCC）颁布了第四次评估报告，其中有一章专门讲述了大西洋暖流停止造成的北半球气候突变的可能性。IPCC 综合了 23 个气候模型给出的结论，认为北极冰的融化速度不太可能让北大西洋暖流完全停止。有人评论说，大西洋暖流的水量比世界上所有河流的总量加起来还要多 30 倍，要想让这股巨大的洋流完全停下来，北极冰不但要完全融化，还必须在极短的时间内完成。

不过，IPCC 的第四次报告也指出，全球变暖造成了北极冰融化可能将在 2010 年把大西洋暖流的强度减少 1/4，不过这一强度仍然不能完全抵消气候变化给北欧带来的温度上升。

根据 IPCC 的报告，电影《后天》里出现的景象，起码在可预见的未来，是不可能发生的。但是，如果出现某种意外情况，真的让北极附近的海水的盐度突然降低很多呢？

半个多世纪以前，气象学界公认：地球的气候是不会发生突变的。看一下 1850 ～ 1950 年的全球平均气温变化图，不难发现这一百年里地球平均气温的变化不超过 0.5℃，幅度是很小的。

当然，这不等于地球温度没有大变化。事实上，地球历史上曾经出现过很多个冰河期，上一个冰河期大约在 1.6 万年以前结束。但是，气象学家认为，冰河期无论是开始还是结束的过程都是相当长的，时间跨度至少在一千年以上。

但是，越来越多的证据证明，地球的气候会发生突然的变化。早在 1895 年，美国有个天文学家研究了树木的年轮厚度，得出结论说，北半球的温度在 17 世纪的时候曾经历过一次小小的冰河期，温度比现在低好几度。按照他的理论，温度低的时候树木生长缓慢，年轮会变窄。进一步的观察肯定了他的结论。甚至还有人说，欧洲之所以在 17 世纪末期出了不少小提琴制造名家，比如意大利的斯特拉迪瓦里（Stradivari）和瓜内利（Guarneri）等，都与当时欧洲的气温有关，因为低温使欧洲的木材质地更加结实了。

依靠树木的年轮最多能推测几百年前的气温，长了就不行了。于是有人想到了湖底的淤泥。瑞典科学家通过钻孔的方法研究了北欧一个淡水湖的湖底淤泥，发现了一层仙女木花粉。仙女木学名叫作"Dryas octopetala"，是一种只生长在严寒环境下的植物，通常只能在北极圈内才能找到。这层仙女木花粉出现在大约1.1万年前，而且时间跨度非常短，只有大约一千年。地质学家把这件事叫作"新仙女木事件"（Younger Dryas）。

要知道，一万年前地球已经从冰河期中恢复过来，气温恢复了"正常"。"新仙女木事件"说明大约在一万多年前，欧洲大陆曾经经历过一个反常的严寒期。但是，因为当时气象学界不相信气候突变，因此瑞典科学家并没有仔细研究这一突变是在多长的时间跨度内发生的。

到了上世纪70年代，气候学家们又找到了一个比湖底淤泥更准确的"气候记录表"，那就是北极冰盖下的冰层。它是由历年的降雪堆积而成，忠实地记录了历史上所有的气候变化。1989年，美国和欧洲的科学家在格陵兰冰盖上钻了一个深达三千多米的孔，取出了一根记录着11万年地球气候历史的冰柱。通过研究这根冰柱，科学家惊讶地发现，"新仙女木事件"居然是在十年左右的时间里发生的，而它的结束更是只用了三年的时间。也就是说，北欧气温在十年里迅速变冷，持续了一千多年后，又在三年的时间里突然恢复了正常。

关于"新仙女木事件"的发生原因，目前还有争论，但主流的意见认为，位于北美的一个巨大的淡水湖——Agassiz

湖，由于某种原因突然泄漏，在短时间内把大量淡水泄入北大西洋，造成大西洋暖流的停止，引发了这一罕见的气候变化。

考古研究表明，在"新仙女木事件"发生之前，北欧大陆气候温暖，居住在那里的原始人人数正处于稳定上升期。事件发生后，欧洲人口数量急遽下降，因为变化速度实在太快，原始人根本来不及适应，大量死亡。由此可见，那些侥幸活下来的人，肯定具有某种神奇的生理特征，帮助他们适应了严寒。

让我们再次回到 17 世纪欧洲的"小冰期"。有一年，德国的一家葡萄酒庄园突然遭到霜冻袭击，葡萄还没采摘就被冻坏了。庄园的主人为了挽回损失，把这批遭了冻的葡萄采摘下来，融化后榨汁酿酒，结果发现酿成的葡萄酒别有一番风味，这就是所谓"冰酒"（Ice Wine）的由来。

原来，遭霜冻的葡萄会排出多余的水分，这就是为什么这种葡萄看起来小了很多的缘故。排水的主要原因就是为了提高含糖量，进而降低冰点，避免结冰。

不仅是植物会这么做，动物也会。北极圈内生活着一种神奇的树蛙（学名叫作"Rana sylvatica"），当温度下降到冰点以下时，这种小青蛙全身都会冻成一块冰，不但心脏停止跳动，呼吸也停止了，甚至连脑电波都检测不到。可第二年春天一到，它们便会慢慢软化，并很快复活。

这种树蛙的神奇本领吸引了很多科学家的注意，因为人类一直想找到一种保存器官的方法，方便器官移植。低温是最好的办法，但却很危险，因为生物体在结冰时，细胞内部所含的水会结成小冰晶，刺破细胞壁，造成不可逆转的伤害。

　　那么，树蛙是怎么做的呢？研究发现，当树蛙的皮肤感觉到寒流来袭时，它便会迅速把血液中的水分排出，在皮肤和内部肌肉之间形成一个具有保护作用的冰层。与此同时，树蛙的肝脏会释放出大量的糖分进入血液。这两招一出，树蛙血液中的糖含量就大大提高了。于是，树蛙的内脏便成为一种很像葡萄干一样的东西，能在很低的温度下保持不结冰。

　　那么，人类的抗寒机制是怎样的呢？首先，人在寒冷的地方会禁不住发抖，这其实就是肌肉强迫自己不断收缩，从而产生一些热量。与此同时，人会感到四肢发冷，这是因为大部分血液流向内脏，造成四肢缺血。这可以看作是一种"丢车保帅"的做法，在极端情况下牺牲四肢，换取内脏的安全。接着，绝大部分人会感到尿急。关于这件事的成因，目前仍然有争议。但大部分人认为，排尿是为了排出血液中多余的水分，使血液更加浓稠。前面说过，杂质越多的液体冰点越低，同样，越是浓稠的血液也就越不容易被冻成冰。

　　如果上述方法都不管用呢？还有个办法：增加血糖含量。

糖尿病病人天生能抗严寒，因为他们血液中的含糖量高，冰点比普通人更低。事实上，冬天是医院检测糖尿病的最好的季节，因为低温很容易诱发糖尿病，加重糖尿病的症状。

根据世界卫生组织的估计，目前全世界一共有1.71亿糖尿病病人，到2030年时这个数字还会加倍。糖尿病分Ⅰ型和Ⅱ型两种，两者都具有很强的遗传性。那么，这个明显的"坏基因"为什么会保留至今，没被自然选择所淘汰呢？前文说过，欧洲曾经历过一次突发的严寒。可以想象，当时的人类根本没有时间适应，只能看各自的造化。于是，有人推测，那些由于某种原因血糖含量高的人生存下来的可能性也高，因为他们在严寒的环境下反而具有生存优势。另外，严寒造成了食物匮乏，血糖根本连高上去的机会都不多。换句话说，在严寒时期，"车"的作用很小，丢车保帅是一件很划算的事情。

糖尿病和气候变化之间的联系目前尚存争议，但是有一项数据很有说服力。据统计，Ⅰ型糖尿病的发病率具有很强的地域特征。发病率最高的国家是芬兰，其次是瑞典，英国和挪威并列第三。前三名全部是北欧国家。

如果这个假说属实的话，这件事再一次说明：进化并不完美，自然选择是一种生物和大自然相互妥协的过程。

（2008.1.14）

腊八时节话蚕豆

喝腊八粥要小心蚕豆症，因为有人吃了
蚕豆会中毒。

富裕人家熬的腊八粥，俗称"细腊八"，包括莲子、桂圆、栗子、核桃等名贵干果，穷人是吃不起的，他们只能在大米中掺入青菜、黄豆、蚕豆、豆腐、胡萝卜、荸荠等便宜的食品，煮成一锅"粗腊八"。但是，喝这种腊八粥要小心蚕豆症，因为有些人吃了蚕豆会中毒。

蚕豆症

蚕豆原产于地中海和北非地区，相传西汉张骞出使西域时期把它引至中国。古希腊人很早就认识到蚕豆有毒，而在地中海地区的传统文化里，蚕豆是死亡的象征。

现代医学直到上世纪 50 年代才搞清了其中的秘密。朝鲜战争时期，为了防止感染疟疾，军医们给美军士兵开了一种抗疟疾药，叫作伯氨喹（Primaquine）。可是，美军中大约有 10% 的士兵吃药后发生了严重的溶血性贫血症，尤其以黑人和来自地中海地区的士兵最为常见。他们的血红细胞发生大面积破裂,血液的输氧能力大幅下降,如果不及时治疗的话,会有生命危险。

朝鲜战争结束三年后,也就是1956年,科学家终于搞清了真相。原来,这是一种先天性遗传病,病人体内缺乏"葡萄糖-6-磷酸盐去氢酶"(G6PD)。这种酶是强抗氧化剂,能够中和血液中的氧化剂,又叫"自由基"。自由基是一种很不稳定的化学物质,见了谁都喜欢凑上去,与对方发生氧化反应,并在反应过程中把对方破坏掉。血液中含有的大量自由基会攻击血红细胞壁,使之破损(溶血)。伯氨喹就是依靠这个办法对付疟疾的,它在血液中释放出大量的自由基,让血红细胞不再适合担当疟原虫的宿主。

当然,自由基太多了终究不是好事。正常人能通过体内的G6PD酶,修补自由基造成的损伤。但有一类人天生缺乏有效的G6PD基因,稍微遇到一点自由基就受不了了。蚕豆中含有两种化学物质,分别叫作蚕豆嘧啶葡糖苷(Vicine)和伴蚕豆嘧啶核苷(Covicine),它们能在人体内产生大量的自由基,对血红细胞造成严重的破坏作用。所以,医生们把"葡萄糖-6-磷酸盐去氢酶缺乏症"叫作蚕豆症(Favism)。

因为蚕豆嘧啶葡糖苷和伴蚕豆嘧啶核苷都属于小分子化合物,耐热性很强,因此加热并不能消除蚕豆的危害。患有蚕豆症的人要么不吃蚕豆,要么吃以前把它放在水中长时间浸泡,希望这两种核苷能溶解掉。

蚕豆症的诊断并不困难。如果新生儿黄疸在一两个星期内仍不消退，很可能就患上了蚕豆症。患有蚕豆症的病人除了要少吃蚕豆外，还要尽量少接触能产生自由基的化学物质，包括樟脑丸、紫药水、磺胺药、抗疟疾药等等。

据统计，全世界一共有4亿人患有不同程度的蚕豆症，从数量上说是人类流传范围最广的遗传性疾病。这种病属于隐性遗传，其基因坐落在X染色体上。因此，大部分患病的人都是男性，因为男人体内只有一套X染色体，女性有两套X染色体，只有当这两套染色体都有毛病时，才会患上蚕豆症。

有趣的是，进一步分析表明，蚕豆症在地中海和北非的流行程度最高，也就是说，人类最早开始种植蚕豆的地方，患蚕豆症的概率也就越大。这该如何解释呢？

原来，地中海和北非地区也是疟疾的高发区。疟原虫对宿主十分挑剔，只挑健康的血红细胞入侵。而患有蚕豆症的人血液中的血红细胞经常处于亚健康状态，虽然这本身不是什么好事，但却无心插柳地防止了疟原虫的入侵。另外，患有蚕豆症的人体内的血红细胞更新很快，往往在疟原虫还没有完成一个生理周期时就被送进了废品加工厂，所以蚕豆症患者感染疟疾的概率比健康人要低很多。

大名鼎鼎的"镰刀型贫血症"之所以能在非洲地区广为分布，原因也在于此。

植物毒素

蚕豆之所以进化出蚕豆嘧啶葡糖苷和伴蚕豆嘧啶核苷这两种毒物，是为了保护自己。青蚕豆内所含的这两种核苷比熟蚕豆高，因为青蚕豆还没准备好离家出走呢，不能让动物随便吃。

类似的例子举不胜举。比如，三叶草、红薯和大豆中都含有一种名叫"植物雌激素"（Phytoestrogen）的化学物质，能够干涉哺乳动物正常的性调控过程。上世纪40年代，澳大利亚曾经把三叶草从欧洲引入澳大利亚，试图取代原有的牧草，结果当地的羊们突然不会生育了。原来，澳大利亚干燥的气候条件使得三叶草开始大量生产"植物雌激素"，干扰了羊群的内分泌系统。为什么在干旱的时候三叶草会增加"植物雌激素"的分泌量呢？原因很简单：恶劣的气候条件意味着三叶草的生存面临威胁，它必须让以自己为食的动物们少生孩子，否则很可能就会被吃光了。

植物雌激素的避孕效果很快引起了科学家的注意。1951年，奥地利化学家卡尔·杰拉西（Carl Djerassi）就是从一种墨西哥甜薯中提炼出植物雌激素，合成了人类第一种进入市场的避孕药。

再比如，芹菜也是有毒的，它会分泌补骨脂素（Psoralen），能破坏DNA。但是，这种化学物质只有在阳光下才会被激活，因此很多昆虫便想办法把自己藏在叶片下面，避开阳光，再来放心大胆地吃芹菜。一般而言，人吃完芹菜后，只要不去晒日光浴，就是安全的，只有那些种芹菜的农民才会发生皮肤病，因为他们在阳光下接触补骨脂素的机会实在是太多了。

有趣的是，和三叶草一样，芹菜分泌补骨脂素的量也和环境压力成正比。一旦周围环境害虫增多，芹菜就会大量合成补骨脂素，试图杀死害虫。于是，那些在"有机环境"里种出来的芹菜补骨脂素的含量通常要比使用杀虫剂的芹菜高。

再举一个土豆的例子。土豆中含有龙葵素（Solanine），尤其以青色的部分含量最高。这是一种剧毒的化学物质，能够防止马铃薯疫病。上世纪60年代，英国人曾经打算培育出一种抗马铃薯病的新品种，结果却培养出一种土豆，龙葵素含量高得出奇，人类根本无法食用。没办法，英国人只好把它淘汰了。

这个例子很好地解释了为什么人类发展了这么多年农业，却仍然没有把农作物中的有毒物质清除掉。很多毒素都不是针对人的，而是针对自然界那些以植物为食的天敌。

可正因为如此，植物为人类提供了很多特效药物。比如，乙酰水杨酸本来是为了保护杨树不受昆虫侵袭，现在却成了最廉价的止疼药（阿司匹林）。芹菜中含有的补骨脂素虽然能造成皮肤损伤，却能治疗牛皮癣。大豆中含有的植物雌激素虽然会干扰人的生育周期，却能干扰前列腺癌的生长，还能减缓更年期综合征的病情，难怪亚洲妇女的更年期综合征病情普遍不如欧美妇女那么强烈。大蒜中的蒜素味道辛辣，对人体有刺激作用，但却能够防止血小板凝结，是治疗心脏病的特效药。

　　植物几乎为人类提供了所需的一切化合物，我们所要做的只是耐心地去发掘。

（2008.1.28）

辑 三

医海钩沉

磺胺沉浮

磺胺最大的贡献就是证明细菌能够被选择性地杀死，这一理论直接导致了抗生素的发现。

现代医学的历史很短，至今不过才发展了一百多年，但它所取得的成就毋庸置疑。

拿药物来说，一个在上世纪 20 年代开业的西医药箱里只有十几种药，远不能应付病人的需要。个中原因说起来很简单：谁见过不懂空气动力学的飞机设计师？那时候的医生对人体的工作原理所知甚少，不可能"对症制药"，只能抱着神农尝百草的精神，挨个儿试验。你能想象一个人在一张纸上瞎画，希望有朝一日蒙出一张飞机设计草图吗？真有人这样做了，而且他还真蒙对了。

此人名叫格哈德·多马克（Gerhard Domagk），是个德国中学校长的儿子。他从小就喜欢科学，大学选择了医学系。1914 年，19 岁的他跑去当兵，并参加了第一次世界大战，结果因伤退役。战后他回学校完成了学业，并开始研究病菌感染问题，因为他亲眼目睹了很多战士因伤口感染而死的惨剧。

1927 年，已经当上拜耳制药公司研究部门主任的多马克开始研究染料的抗病菌特性。他的同伴约瑟夫·克拉尔（Josef Klarer）负责合成不同种类的染料给他，由他负责在小鼠身上测试。这项实验工作量极大，多马克不得不把自己关在实验室里，不接电话，不接待访客，从早到晚都在解剖感染小鼠，在显微镜下观察小鼠的染病器官有没有发生变化，直到把自己搞得头晕眼花为止。

实验的头四年啥也没找到，但他没有放弃。直到 1932 年，他实验了一种商品名"百浪多息"（Prontosil）的红色染料，这种染料原是为了给皮革染色用的，结果多马克发现它能杀死链球菌，因为感染链球菌的小鼠只要注射了百浪多息就不会死了，而对照组小鼠无一例外都会死亡。当时他并没有急着把结果发表，直到一年后他女儿的手臂得了丹毒，也就是一种链球菌引起的皮肤感染。此病在当时无药可治，医生认为只有截肢才能保住他女儿的性命。多马克一狠心，偷偷用百浪多息治疗，居然治好了女儿的病。

1935 年，多马克发表了实验报告。几个月后，法国巴斯德研究所的科学家通过进一步研究分析证实，百浪多息的药效并不是来自染料本身，而是染料分子的结合剂——磺胺（Sulfonamide）。就这样，人类第一个抗病菌特效药诞生了。在磺胺被发明前，病菌感染是人类的第一杀手，仅是链球菌引起的丹毒、猩红热和产后感染每年就会夺去成千上万人的生命，远比今天的癌症和艾滋病更可怕。

从表面看，磺胺的发现似乎只是碰运气，其实不然，磺胺的发现过程每一步都和科学紧密相连。如果没有化学知识的进步，克拉尔就不可能在短时间内合成出大量结构迥异的小分子化合物。如果没有采用正负对照组方式的科学方法，多马克也不可能如此肯定地认为磺胺有作用。最重要的是，如果没有19世纪末化学家们对化学"受体"和"药效团"的基础研究，多马克就不会进行这项实验。简单说，多马克的实验基础就是"万物相生相克"的原理，"受体"和"药效团"理论在分子水平上为此原理找到了科学的解释。

故事讲到这里还远没有结束。1939年，英国科学家发现磺胺的分子结构与一种合成叶酸的原料——PABA很相似。人类可以从食物中获取叶酸，细菌则必须自己合成。磺胺代替了PABA，被细菌当作合成叶酸的原料，其结果当然是合成不了，于是细菌就会死于叶酸缺乏症。这一假说后来被美国科学家总结为"竞争性抑止"理论，在这一理论指导下，科学家找到了一种嘌呤的抑止剂——6-mp，并成功地用于治疗白血病，还在器官移植术的诞生过程中起到了决定性的作用。

磺胺被发现后，化学家继续在磺胺分子的基础上合成了许多类似的化学衍生物，并证明其中有几种化合物分别具有降低血糖、杀死疟原虫、治疗麻风病和甲状腺肥大症的效能。于是，针对上述几种不治之症的特效药相继被开发了出来。

有趣的是，科学成就了磺胺的盛名，最终也埋葬了磺胺的前程。进一步观察表明，磺胺类药物对肾脏有极强的副作用，如今已经很少有人使用它了。虽然如此，磺胺的发现者——格哈德·多马克仍然以他杰出的贡献被授予1939年的诺贝尔医学奖。

（2006.11.20）

青霉素的发现

要不是拉托什那几天正好没关窗户，这个青霉菌孢子就不会逃出来，并飞进了弗莱明的屋子。

海明威的小说《乞力马扎罗的雪》里面的主人公因为在非洲打猎时不慎被树枝刮了一个口子，就不得不痛苦地死去。今天的人们不必如此担心，因为我们有抗生素。

众所周知，世界上第一个抗生素就是 1928 年被亚历山大·弗莱明（Alexander Fleming）发现的青霉素。不过，青霉素的发现完全是一次偶然事故，其中的巧合简直匪夷所思。

那是 1928 年夏天，伦敦圣玛丽医院的微生物学家弗莱明把几个金黄色葡萄球菌培养皿扔在实验室的架子上，去外地度假了。回来后他发现其中一个培养皿里污染了一个霉菌菌落，他刚要扔掉这个培养皿，却突然发现菌落周围有一个透明的圆圈，这意味着圆圈里的葡萄球菌都被杀死了。他用霉菌提取液又试了一次，确认了这种霉菌的杀菌效力，后来证实这就是青霉菌。

科学家知道后纷纷各自进行了同样实验，却没能重复出来。于是，关于青霉菌的实验就被搁置了下来，人类一等就是十年。

为什么重复不出来呢？原来，青霉菌最适宜的温度是20℃，金黄色葡萄球菌则最喜欢35℃。假如弗莱明按照通常做法，把培养皿放进35℃的培养箱，那个青霉菌菌落就不会长起来了。不但如此，根据历史气象资料显示，伦敦在1928年7月底的时候正好经历了一次降温，也就是说，在弗莱明度假的那九天时间里，实验室的温度下降到了20℃左右，于是青霉菌才得以疯长。

先别慨叹，人类的好运气这才刚刚开始。后人研究证实，那个污染了弗莱明培养皿的霉菌是一个非常罕见的菌种，能分泌出大量青霉素。这种霉菌在自然界中含量极少，要不是他楼下正好是另一位真菌专家拉托什的实验室，要不是拉托什那几天正好没关窗户，这个青霉菌孢子就不会逃出来，并飞进了弗莱明的屋子，又恰好落在了放在架子上的金黄色葡萄球菌培养皿里。那样的话，也就没弗莱明什么事了。

弗莱明的好运气终于到此为止，因为他和同时代的科学家都相信，任何能杀死细菌的化学物质都会对人体产生同样的伤害，因此他没有坚持研究下去。

真正发现青霉素的医疗价值的人是来自牛津大学的霍华德·弗洛里（Howard Florey）和恩斯特·钱恩（Ernst Chain），他们取得的成就和运气一点关系也没有，而要归功于两人扎实的科学基本功。首先，精通化学的钱恩提纯了青霉素，为后来的进一步实验打下了良好的基础。其次，弗洛里设计了一个精密的科学实验，他把钱恩提纯的青霉素注射进五只感染了链球菌的小鼠体内，另外五只同样感染了链球菌的小鼠则被作为对照组。结果注射了青霉素的小鼠全部康复，而且没有副作用。对照组小鼠则全部死亡。

这项实验进行的时候第二次世界大战刚刚开始。虽然英军从敦刻尔克成功撤退，但是伤亡惨重，当时唯一的抗菌药物磺胺不够用了。那次成功撤退的壮举激发了英国人的斗志，弗洛里和钱恩受到鼓舞，决定冒险进行一次人体试验。他们把牛津大学的实验室变成了一个化学工厂，日夜兼程，终于生产出足够的青霉素。

1941 年 2 月 12 日，43 岁的英国警察阿尔伯特·亚历山大成为人类历史上第一个被青霉素救治的病人。因为青霉素得来不易，价格比黄金还贵，主治医生不得不每天收集亚历山大的尿液，拿回实验室重新提取青霉素。这次临床试验一开始非常成功，病人的病情得到了极大缓解。可惜的是，试验进行到第五天后青霉素用完了，病人死亡。

虽然如此，这次试验给了科学家极大的信心。此后发生的事情就不必多说了，青霉素成为人类历史上第一种几乎没有副作用的抗生素，挽救了无数人的生命。弗莱明、弗洛里和钱恩因此成果分享了 1945 年的诺贝尔生理学或医学奖。

值得一提的是，科学家通过实验找到了青霉素杀菌的秘密。原来，大部分细菌都属原核生物，细胞外面有细胞壁保护。青霉素能够破坏细胞壁中的重要物质——肽聚糖的合成，因此细菌就无法合成出完整的细胞壁，人类的免疫系统就能够钻个空子，把细菌杀死。另外，人类属于真核生物，只有细胞膜，没有细胞壁，因此青霉素对人体不起作用。

现在再回过头去看看那段历史，我们可以发现，虽说弗莱明最初的发现是无数巧合的结果，但青霉素的发现和临床使用则完全得益于现代科学的发展。其实我们的老祖宗曾发现过类似的现象，李时珍的《本草纲目》就记载着霉豆腐渣可以用来治疗恶疮和肿毒。可是，由于没有现代科学作为支持，老祖宗的发现就只能停留在霉豆腐渣阶段，病人只有碰运气，希望自己家的那块豆腐上落下的正好是一粒神奇的青霉菌孢子。

（2006.11.27）

可的松的发现

....

他猜测黄疸病人胆汁里可能含有神秘的 X
物质，这种 X 物质很像某种激素。

如今稍有医学常识的人都知道，风湿性关节炎是一种自身免疫病，病人的免疫系统错把自己的关节组织当成了敌人，并实施攻击，结果造成了关节发炎，红肿僵硬，严重的病人根本无法行走，失去活动能力，非常痛苦。

可在上世纪初，风湿性关节炎还被看作是某种细菌感染造成。幸亏当时抗生素还没有被发现，否则医生们肯定会给每个关节炎病人打一针青霉素。

1928 年，美国明尼苏达大学马约医学院的药剂系系主任菲利浦·亨奇（Philip Hench）接待了一位奇怪的病人，这位 65 岁的病人其实是该医院的医生，他告诉亨奇一件奇怪的事情：自从他得了黄疸病，他的风湿性关节炎症状就消失了。四个星期后，他的黄疸病治好了，但是他的关节炎直到七个月后才再次复发。

亨奇虽然觉得这件事有点蹊跷，但他相信自己的同行，因为医生对自己病症的描述肯定比普通病人可靠。从此他就留了个心眼，开始密切关注黄疸病和关节炎之间的关系。很快他就又发现了几例类似病人，同时他还观察到一个更离奇的现象：一旦患有关节炎的妇女怀了孕，她的症状便会立刻减轻不少。

种种迹象表明，对于这些病人来说，治好关节炎的不大可能是抗感染药物，而是某种与内分泌有关的物质，亨奇把它叫作"X物质"。他猜测黄疸病人的胆汁里可能含有这种神秘的X物质，而这种X物质很像是某种激素，会随着怀孕而升高。他的这个想法违反了当时医学界的共识，没人相信他，他只好一个人默默地踏上了寻找X物质的征程，一走就是20年。

亨奇想不出别的好办法，只好给关节炎病人服用各种可能含有X物质的东西，包括胆汁、胆汁结晶盐和肝脏提取物，他甚至把黄疸病人的血直接输给关节炎患者，但一直没有任何效果。

巧的是，亨奇有个同事当时正在研究激素。此人名叫爱德华·肯德尔（Edward Kendall），是个化学家，曾经第一个提纯了甲状腺素。认识亨奇的时候他正在研究肾上腺，并提纯了四种肾上腺分泌的物质，分别取名叫化合物A、B、E和F。他建议亨奇试试这几种化合物，可惜当时的提纯工艺很差，很难得到足够的化合物进行临床试验。

此时"二战"爆发，美军得到消息说，德国空军正在阿根廷大量采购牛肾上腺，准备给他们的飞行员注射，以提高他们对缺氧的耐受性。据说被注射了肾上腺素的飞行员能把飞机开到 1.3 万米的高空而不会因缺氧而窒息。于是，美军立刻拨了大笔款项，开始研究怎样大规模提纯肾上腺素。这项实验进行了很长时间，直到 1948 年默克制药公司的科学家才攻克了难关，得到了几克化合物 E，并辗转送到了亨奇手里。

1948 年 7 月 26 日，亨奇把 100 毫克化合物 E 注射进一位患了严重的风湿性关节炎的女病人体内，两天后病人的症状有了明显的好转，她居然能够自己行走了，而以前她只能坐轮椅。后来有人指出，亨奇违反常规，用了超大剂量的化合物 E，否则的话疗效不可能如此显著。

亨奇把该病人治疗前后的样子拍成电影，第二年在一个科学会议上播放，放完后全体观众起立鼓掌，大家被这一发现惊呆了。这是人类第一次用一种内源性的化学物质治好了一种不治之症，这预示着现代医学不但可以利用外来的杀菌剂（抗生素）来治病，还可以想办法动员人体自身的抗病能力。

这个化合物 E 后来被命名为可的松。亨奇和肯德尔因为发现可的松的疗效而于 1950 年获得了诺贝尔医学奖，创下了诺贝尔奖颁发速度的最快纪录。

不过，亨奇并没有因此而兴高采烈，他十分清楚可的松只能减缓关节炎的症状，并不能彻底治好它。病人一旦停药症状就又回来了。不但如此，可的松还有很强的副作用，往往得不偿失。结果，还没等可的松被大规模用于临床，就被停止使用了。

亨奇花费了 20 年心血，得到的只是一个无法入药的激素吗？绝对不是。后来进行的一系列临床试验表明，可的松对药物过敏、慢性哮喘、系统性红斑狼疮、结节性多动脉炎和虹膜炎等疾病有显著的疗效。对这些疾病的治疗并不需要大剂量的可的松，而只需要局部涂抹，或者短时间用药就可以起作用，因此大大降低了可的松的副作用。

如今，可的松及其衍生物被叫作"激素"，在医疗领域得到了非常广泛的应用。那些因此而获得好处的人都要感谢亨奇，当初正是由于他不迷信教条，相信事实，并坚持了20 年，才为人类带来了一种神奇的"万能药"。

（2006.12.4）

根治肺结核

抗生素是治疗所有细菌性疾病的最佳武器，但是在治疗肺结核时却遇到了麻烦。

肺结核史称"白色瘟疫"，是一种很厉害的传染病。人类虽然早在1885年就分离出结核杆菌，但很长一段时间内医生们拿它毫无办法，病人只有寄希望于自己的免疫系统足够坚强。

抗生素被发现后，医生们看到了曙光。虽然青霉素被证明无效，但是科学家很快就发现了链霉素，初步证明对肺结核有效。可是，与青霉素不同的是，使用链霉素的肺结核病人病情经常会反复，医生们一直搞不懂到底是为什么。

揭开谜底的是一个名叫布拉德福德·希尔（Bradford Hill）的生物统计学家。此人出生于英国的一个医生世家，他父亲发明了血压计，还发现了潜水病的病因。希尔小时候立志要当一名医生，却由于第一次世界大战的缘故被迫加入空军。服役期间他得了肺结核，幸运的是他的免疫系统足够坚强，侥幸逃过一劫。不过他元气大伤，当医生的幻想破灭了，只好改行学习经济学，并因此而获得了大量的统计学知识。

希尔的恩师，也是他父亲从前的生理学老师格林伍德是个非常聪明的学者，他对医学发展史有很深的研究，并从研究中得出一个结论：现代医学必须运用统计学的方法才能保证治疗的准确性。要知道，当时的西方医学骨子里仍然属于"经验医学"，医生们更愿意相信自己多年临床积累的经验，而不是客观的科学实验。格林伍德则不然，他本人精通统计学，非常推崇 1935 年出版的一本名为《怎样设计科学实验》的教科书。这本书的作者运用统计学原理，提出了一整套设计科学实验的方法和原则。

1945 年，格林伍德从伦敦卫生学校首席教授的职位上退休，他推荐希尔作为自己的接班人。就这样，一个没有受过科班训练的统计学家当上了医学院的教授。次年他被邀请加入了肺结核试验委员会，这个委员会的主要任务就是检验链霉素到底能不能治疗肺结核。

要知道，青霉素刚被用于临床时根本不会有人想到要去检验它的有效性，因为病人服药后几天内就见效，临床效果好得惊人。可是肺结核杆菌外表有一层厚厚的黏膜，链霉素不容易接触到它，因此病人往往需要连续注射几个月链霉素才能见效。即使如此，当时的英国医学界仍然认为没必要进行什么科学检验，只要多找几个病人，观察一下疗效就可以了。

作为一个外行，希尔不信邪，他坚持必须先进行一次科学试验来验证链霉素的有效性。正好当时英国刚刚从"二战"中走出来，国库空虚，买不起那么多链霉素大量供应给医院，专家们只好同意先进行一次小规模临床试验，并请希尔来设计试验方案。希尔找来106名患者充当"试验品"，其中54人服药，52人作为对照。但究竟谁服药谁对照，完全是随机选取，就连主治医生也不知道谁是谁，这个方法是希尔所做的最大的贡献，他坚信医生的主观印象会影响试验的准确性，必须随机取样，并用统计学的方法对结果进行分析。

半年后，服药的病人中有28人病情明显好转，对照组却有14人死亡，显示链霉素确实有效。假如事情到此结束，希尔的贡献就不会那么显著了。可是，三年后，服药组有32人死亡，对照组则死了35人，两者几乎不存在统计意义上的差别。这一惊人的结果让医生们得出结论：链霉素确实有效，但是一段时间后细菌会产生抗药性。假如当初没采用希尔的建议，那么医生们绝不会那么快就得出这个结论。

一旦找出原因，解决办法自然很快就想出来了，那就是在使用链霉素的同时，再让病人服用另一种药物。这个药很快就找到了，这就是"对－氨基水杨酸"（PAS）。这种药单独使用时疗效并不高，但医生们希望两种药结合使用能对付细菌的抗药性，理由很简单：假如每种药物的抗药性产生概率都是1%，那么同时产生两种抗药性的概率就是1/10000。试验结果验证了这一理论的正确性，链霉素＋PAS的方法使结核病人的存活率上升到了80%。

后来又有几种新药被发现，医生们又按照希尔的方法进行了几次试验，证明三种药物合用的疗效比两种药物还要好很多。如果三种药物持续用上两年的话，结核病的治愈率几乎可以达到100%。人类终于宣布攻克了"白色瘟疫"。

希尔的这一方法叫作"随机对照试验"（Randomised Controlled Trial），这种方法很快就成为医学研究领域的标准试验方法，目前所有已知的西药必须经过这种方法的检验才能上市。从此，西医从经验医学时期进入了实证医学的时代。

（2006.12.11）

吸烟与肺癌

统计学不但帮助科学家们找到了根治肺结核的方法，还帮助医生们发现了吸烟和肺癌之间的关系。

1945 年，英国生物统计学家布拉德福德·希尔（Bradford Hill）运用统计学原理，设计了一个精妙的实验，证明了链霉素能够杀死结核杆菌。从此，肺癌的死亡率首次超过了肺结核，成为人类最致命的肺病。

1947 年，英国医学研究委员会又给希尔布置了一个新任务：找出肺癌和吸烟之间的关系。那一年英国的肺癌死亡率比 25 年前提高了 15 倍，这个数字引起了广泛关注。大家都想找出其中原因，有人说这是因为工业化造成的空气污染，还有人说这是由于新式柏油马路散发的有毒气体，只有少数医生怀疑是吸烟造成的。

众所周知，两次世界大战造就了大批吸烟者，据统计，英国当时有超过 90% 的成年男子都是香烟的瘾君子。正因为吸烟人数实在太多，希尔犯了难。他不可能去统计得肺癌的人当中抽烟的有多少，不抽烟的有多少，因为他几乎找不到不吸烟的人。

怎么办呢？希尔想出了一个变通的办法。首先，他做了个合乎情理的假设：如果吸烟确实能引起肺癌，那么吸烟越多的人得肺癌的概率就越大。其次，他认为必须排除其他致癌因素，比如空气污染、初次吸烟年龄、居住环境等等。换句话说，他必须找出一群人，其他方面都比较相似，只有吸烟的量不同。

1948 年，他从伦敦的医院里找出了 649 个肺癌病人，以及同样数量的情况相似的其他病人。然后他雇用了一批富有经验的调查人员，挨个儿询问病人的吸烟史，把结果做成了一个统计表。结果显示，肺癌病人中有 99.7% 的人吸烟，其他病人则有 95.8% 是瘾君子。这两个数字当然说明不了什么问题，可当他把病人按照吸烟数量的多少分成不同的组之后，情况发生了变化。有 4.9% 的肺癌病人每天吸 50 支烟以上，而只有 2.0% 的其他病人每天吸这么多烟。也就是说，吸烟越多的人患肺癌的概率就越大。

1950 年，希尔把这个研究结果发表在《英国医学杂志》上，首次科学地证明了吸烟和肺癌的对应关系。但这个结果相当微妙，不懂统计学的人很难理解其中的重大意义。为了进一步说明这个问题，希尔又设计了一个全新的实验。他给 6 万名英国医生发了张调查表，请求他们把自己的生活习惯和吸烟史详细记录下来寄还给他。之所以选择医生作为调查对象，完全是因为希尔相信医生们对自己生活状况的描述能力肯定比普通老百姓更精确，也更诚实。

有 4 万名医生寄回了调查表。希尔把他们按照吸烟数量进行分类，并要求他们（或者他们的家属）及时汇报自己的健康状况。两年半后，有 789 名医生因病去世，其中只有 36 人死于肺癌。但是当他把医生们的吸烟量和发病率联系起来后，发现只有肺癌的死亡率和吸烟量有对应的关系，其余疾病都和吸烟量没有任何关联。比如，每天吸 25 克烟草的人的肺癌死亡率比每天吸 1 克烟草的人多 2 倍以上，而其他疾病的死亡率只比后者多 20%。

1993 年，大约有 2 万名当初接受调查的英国医生去世了，其中有 883 名医生死于肺癌。如果把他们的吸烟数量和肺癌发病率联系起来，就可以得出一个惊人的结论：每天吸 25 支烟以上的人得肺癌的概率比不吸烟的人多 25 倍！后来其他一些类似研究也都得出了相似的结论。现在，吸烟和肺癌的关系已经是家喻户晓了，发达国家的烟民数量正在逐年下降，其肺癌的发病率也呈现出下降趋势。那些因为戒烟而免于肺癌的人真应该感谢希尔当初所做的贡献。

希尔使用的第一种方法叫作"对照研究"（Case Control Study），第二种方法叫作"定群研究"（Cohort Study）。这两种方法是目前群体医学研究领域最常用的两种生物统计学方法，我们所熟悉的大部分关于健康的忠告都应该经过这两个方法的验证才能被认为是科学的。

事实上，我们每天都会从报纸上读到大量这类忠告，有些忠告根据的是确凿的科学实验，有着确凿的因果对应关系，这当然没话讲。但更多的忠告来自统计学，因为它们所涉及的病因都十分复杂，必须运用希尔博士发明的"对照研究"和"定群研究"等方法找出内在规律。就拿吸烟和肺癌来说，我们并不能说"吸烟能够引起肺癌"，因为我们经常能在生活中找到吸了一辈子香烟也没有得肺癌的人。我们只能说"吸烟能够提高肺癌的发病率"，这才是科学的描述方法，因为肺癌的发病机理还没有完全搞清呢。

（2006.12.18）

氯丙嗪和精神分裂症

精神分裂症的治疗史是一个足以让人产
生精神分裂的故事。

　　人类的所有疾病中，精神分裂症绝对是最可怕的一种。病人不动的时候看起来像人，可一动起来就像鬼，完全不可理喻。

　　精神分裂症的病因肯定在脑子里，但人脑是人身上最难研究的部件，因为拿人脑做实验很危险，搞不好是会掉脑袋的。这就是人类对自身精神方面的疾病的致病机理至今所知甚少的原因。

　　可不管怎样，病总得治。当年的西医们想来想去，只想出了一种方法，那就是让病人的大脑受点伤，希望它能自我修复成正常状态。这个方法说起来容易，做起来就难了。医生们首先想到的方法是用麻醉剂让病人进入长时间休眠状态，希望病人恢复知觉后能自动修好自己的毛病。这个方法显然对大脑的刺激不够强，疗效并不好。于是医生们又想出一招，给病人注射大剂量的胰岛素，强行降低血糖，让病人的大脑因缺糖而暂时昏迷，然后再用药让他重新恢复知觉，看看毛病修好了没有，结果发现毛病还在。

眼看化学的办法不灵了，医生们只能用蛮力，于是电击疗法就诞生了。这个野蛮的方法一开始确实有效，但医生们还是不满意。最后，不知是谁想出了一个更"缺德"的方法：在病人的脑白质上切一刀，希望病人的大脑在愈合的时候能顺便治好自己的病。这个方法确实"治好"过一些病人，但他们都变成了没有喜怒哀乐的呆子。不过这样的人总比疯子强，起码不会跑到大街上危害社会，于是在很长一段时间里，西医们就是这样来治疗精神分裂症的。

1949 年，一个名叫亨利·拉布洛提（Henri Laborit）的法国军医发现了一个有趣的现象。他为了降低手术后休克的发生率，让手术前的病人服用盐酸异丙嗪（Promethazine），结果病人普遍反映服药后自己感觉很放松，很愉快。敏锐的拉布洛提心想，这种药会不会让患有精神分裂症的病人也有这种感觉呢？

必须解释一下这个盐酸异丙嗪，这是一种抗组胺的药，组胺（Histamine）是炎症反应的介质，很多感冒药和抗过敏药里都含有抗组胺的成分。拉布洛提当年曾经提出过一个假说，认为病人手术后产生休克的原因就是组胺分泌过多，而盐酸异丙嗪其实就是一种组胺拮抗剂，所以他才会想到给病人服用盐酸异丙嗪。

顺便说一句：拉布洛提的这个假说是不正确的！

拉布洛提写了篇论文报告了这一现象。令人惊讶的是，那篇论文居然没有一个数据，全是他自己的观察记录。这绝对是一个很反常的论文，要搁现在肯定没法发表。

法国罗纳普朗克（Rhone-Poulenc）制药公司看到了这篇没有数据的论文，居然相信了。他们组织了一批人马，试图筛选出疗效更高的药物。他们合成了无数种和盐酸异丙嗪类似的化学小分子，然后挨个儿把它们喂给小白鼠，观察它们的反应，结果一种名叫氯丙嗪（Chlorpromazine，又叫冬眠灵）的化合物能让小白鼠行动迟缓，对环境刺激反应迟钝。

1950年，一名57岁的精神分裂症病人成了氯丙嗪的第一个试验品。结果出人意料地好，服药九天后病人就可以正常地和人对话了，三个星期后病人出院。这个消息一经传开，群情大振，因为电击疗法或者脑白质切断术（Lobotomy）都没有那么快的疗效，而且副作用也大得多。

就这样，人类历史上第一种治疗精神分裂症的特效药诞生了。

一个组胺拮抗剂是怎么治好精神分裂症的呢？科学家研究了半天，发现氯丙嗪还是多巴胺（Dopamine）的拮抗剂。这个多巴胺可是大名鼎鼎，它是人脑中非常重要的一种神经递质，或者说是传递信息的信使。于是，科学家得出结论说，精神分裂症也许就是因为病人脑中的多巴胺太多了，或者多巴胺的受体太兴奋了，诸如此类。

可是，这个结论也是不正确的，随着科技的进步，医生们运用现代分析手段研究了精神分裂症病人大脑中多巴胺的分布情况，结果发现和正常人没什么区别。换句话说，这种药人类虽然已经用了 50 年，可从它的发现到它的作用机理，全都来自一种错误的理论。

那么，氯丙嗪到底为什么能治病呢？其实，氯丙嗪并没有根治精神分裂症，它只是减轻了病人的症状。这就好比用止疼药来治疗癌症，病人会觉得舒服了点，可实际上病根还在。

目前西医中大部分治疗精神性疾病的药物都是如此，因为人类对自身大脑的研究还很落后，治疗精神病还只能靠运气。

（2006.12.25）

呼吸机的故事

现代急诊室里最关键的设备就是呼吸机，呼吸机的发明过程完全可以拍一部好莱坞大片了。

1951 年，丹麦首都哥本哈根举办了第二届"世界小儿麻痹症大会"，参加会议的医生护士们都很乐观，因为乔纳斯·索克博士刚刚发明了小儿麻痹症疫苗，大家相信这种致命传染病很快就会成为历史。

可谁也没有想到，这次大会差点给哥本哈根带来灭顶之灾。

原来，这么多医生护士里面肯定有个把小儿麻痹症病毒的隐性携带者，他们把一些毒性超强的病毒带进了丹麦。第二年夏天，哥本哈根爆发了严重的瘟疫，仅在丹麦最大的布莱格丹姆医院每天就有 50 个重症病人被送进来，其数量大大超过了医院的承受能力。

必须先停下来说说小儿麻痹症。这种病是由 Polio 病毒引起的，Polio 破坏了病人的中枢神经系统，使之无法控制肌肉，其结果就是肢体残疾（麻痹）。这还是幸运的情况，如果运气不好的话，病毒破坏了神经系统对呼吸肌群的控制，患者就无法自主呼吸了。于是，经常可以看到病人突然用尽全身力量拼命喘气，甚至来不及吞咽自己的口水，几天之后病人用尽了力气，呼吸停止。

1927年，哈佛大学的科学家发明了一种呼吸辅助装置，绰号叫作"铁肺"。这种机器外表十分庞大，病人从脖子以下都被密封在一个金属罩子里，罩子内的气压由阀门控制。当气压降低时，肺部被强行扩张，空气顺势被吸进肺里。可是，1952年瘟疫大爆发的时候布莱格丹姆医院只有一台大的和六台小的"铁肺"，因为该院平均每年大约只有十名小儿麻痹症患者的病情严重到需要使用"铁肺"，而且使用下来发现效果也不怎么好，死亡率一直在80%以上。

瘟疫发生后，医院急需找到一个比"铁肺"更有效的辅助呼吸的办法。一位老医生向院长拉森（H. C. A. Lassen）推荐了医院里的一个麻醉师，此人名叫比约·易卜生（Bjorn Ibsen），脑瓜非常聪明。要知道，那个时候西方医院里的麻醉师不算正式医生，而是属于"技师"一类，他们的工作就是在医生需要做手术之前把病人麻醉。拉森根本不相信易卜生，但他也想不出好办法，勉强同意让易卜生进看护病房参观。

易卜生走进病房，发现床上躺着一个名叫维基的14岁女孩，她的四肢都已失去了知觉，脸色发紫，呼吸急促。易卜生摸了摸病人的皮肤，又量了量血压和体温，然后对院长说："维基体内缺氧，需要赶紧输氧气。"

"不对吧，我认为她体内的 Polio 病毒已经侵犯到脑组织，没救了。"拉森回答。

"病人血压升高，发高烧，皮肤湿冷，这是缺氧的典型征兆。"易卜生坚持自己的意见。

"那好吧，反正她也快死了，你就试试看。"

易卜生连忙找来一名医生，命令他割开维基的喉咙，在气管上开了个口子，然后找来一个氧气袋，一端连接一根管子，通向维基的气管。然后，易卜生用手挤压氧气袋，试图往维基的肺里灌氧气。可是维基的气管发生了痉挛，被堵住了，氧气输不进去。易卜生急得满头大汗，围观的医生们看了一会儿，便悄悄离开了病房，他们认为自己不必再在这里浪费时间了。

眼看维基就要被憋死，易卜生急中生智，给她灌了一片麻醉药巴比妥，维基很快进入麻醉状态，气管痉挛消失了。易卜生见状立即开始挤压氧气袋，为她输氧。几个小时之后，医生们回来看"好戏"，却惊讶地发现维基的脸上现出了红晕，体温和血压也都恢复了正常。为了证明这确实是易卜生的功劳，医生们给维基穿上"铁肺"，结果病情立即急转直下。很显然，"铁肺"的效率不够高。

"赶紧把所有医学院的学生都召集起来，给病人手动输氧！"拉森院长下了命令。很快，1500 名医学院学生被招进医院，负责挤压氧气袋。这可是一个苦活，一刻也不能停。于是，学生们分成了四班，每六小时换一班，不停地挤啊挤。几天之后，不少学生就受不了了，纷纷要求回家，但仍然有一些人坚持了下来，直到瘟疫结束。

据统计，这些学生一共挤了 16.5 万小时，病人的死亡率从 90% 下降到 25%，易卜生成了英雄。

其实这事说起来并没有那么神秘。当时医院里最常用的一种麻醉法就是用箭毒麻痹病人的呼吸肌群，让病人停止自主呼吸，然后再用人工方法维持病人的呼吸，这样做可以大大减少麻醉剂的使用量。作为一个麻醉师，易卜生当然对病人缺氧时的症状十分熟悉，而氧气袋输氧法也是他非常擅长的一项日常操作，仅此而已。

进一步研究发现，缺氧是急症病人最大的危险，于是人工输氧就成了急诊室的一项常规操作，当然呼吸机很快就变成了电动的，不用雇学生来挤氧气袋了。

呼吸机的发明挽救了无数人的生命，因为氧气为病人赢得了宝贵的时间。假如当初没有"外行"易卜生的参与，这个方法不知要等到什么时候才会被发现。

（2007.1.1）

开心手术

登山家的终极目标是珠穆朗玛峰，外科
医生的终极目标是开心手术。

心脏有多重要？人类最早的死亡定义就是心跳停止。可
在外科医生眼里，心脏就是一团肌肉而已，修补心脏从技
术上来说就像缝合伤口一样容易，关键是手术的同时怎样
维持血液的流动，这可就难了。难怪著名的德国外科医生
T.H. 比尔罗斯在 1893 年说过一句很有名的话：所有想尝试
心脏手术的医生都会遭到同行们的鄙视。这话的意思是：心
脏手术等于杀人。

最早的心脏手术都是在不打开心脏的前提下进行一些小
修小补。1923 年，美国波士顿的一名医生冒险把一把小刀
插进病人的心脏，割开了被阻塞的冠状动脉瓣，竟然获得了
成功。这绝对应当算是个意外，因为那个时候抗菌素还没有
被发现，输血和麻醉技术也都没有过关！难怪他后来的几例
类似手术均告失败，他的冒险生涯被及时终止了。

"二战"给了外科医生们一个试验的机会，因为很多士
兵被子弹或者弹片击中心脏，必须想办法取出来。医生们只

敢在心脏上开一个小口子，迅速取出异物，立即缝合伤口。同样的方法也适用于一些小手术，比如割开瓣膜、疏通血管之类，医生不需要看见病灶，只需要插进一根手指或者一把小刀，依靠经验摸黑完成任务，立即退出。可是，像法洛氏四联症（Fallot's Tetralogy）这样的先天性心脏病，病因复杂，需要缝合心室之间的缺损，看不见病灶就没法下针。一个顶尖的外科医生进行一次这样的手术最快也需 15 分钟，而大脑在缺氧 5 分钟后就会死亡，两者之间相差 10 分钟之久。

加拿大医生比尔·比格洛（Bill Bigelow）想出了一个解决办法。他注意到在低温下动物的心跳可以变得很慢，大脑对氧气的需求降低了很多。于是他提出把病人的体温降下来，为开心手术赢得了几分钟的宝贵时间。第一例采用低温法的开心手术于 1952 年在美国明尼苏达大学实施，获得了成功。可是，医生们很快发现，很多病人的心脏缺损比预期的复杂，几分钟是不够的。

最终的解决办法来自一位英国的实习医生。1931 年，28 岁的约翰·吉本（John Gibbon）奉命看护一个刚刚进行完手术的病人，那个病人得了肺栓塞，血液凝块阻塞了心脏通向肺部的血管。主治医生立即进行疏通手术，虽然只用了 6 分 30 秒，但病人还是死在了手术台上。吉本受了刺激，回家苦思冥想，终于想出了一个办法：用血泵代替心脏，让血液在体外进行氧气和二氧化碳的交换，再输送回身体里。

这个想法实施起来难度很大，最大的困难在于模仿肺泡的功能。血液在肺泡中进行气体交换，吉本想出一个办法，让血液经过一个离心机，离心力把血液铺展成一个薄膜，这样就可以充分进行气体交换了。可是，离心力太大会压碎血细胞，需要经过多次试验才能找出合适的速度。

除此之外还有很多与人体生理有关的问题需要解决，吉本没钱，只好拿自己做实验。比如，为了测量体温对末端血管的收缩强度造成的影响，吉本把一支温度计插入自己的肛门，然后再吞下一根胃管，让妻子从外面往胃里灌冷水，降低自己的体温。经过多年努力，吉本终于制成了世界上第一台"心肺机"。

1952年，吉本进行了全世界第一例在"心肺机"辅助下实施的开心手术，结果以失败告终。第二年他又进行了三例这样的手术，只有一例成功，其余两人眼睁睁地死在了他的手术台上，这让吉本有点受不了了，宣布放弃开心手术，并停止了关于"心肺机"的实验。

吉本的失败给了整个心脏外科领域的医生们当头一棒，很多人都绝望地认为，心脏是神秘之地，不能随便被打开。

不过，科学的发展很快就把绝望变成了希望。1954年，首创低温开心手术的明尼苏达大学的外科医生又进行了世界上第一例志愿者辅助下的开心手术，也就是用一个活人的心脏代替"心肺机"，帮助病人进行血液循环，结果获得了成功。之后不久，一个名叫理查德·德瓦尔（Richard De-

Wall）的科学家发明了"气泡充氧法"，就是往血液里灌氧气泡，避免了离心机给血液带来的破坏作用。随着新技术的实施，以及医生们经验的增加，开心手术的成功率大幅度上升。如今这已经是心外科医生必学的手术了，成功率极高。

开心手术的成功是人类医疗史上的一项划时代的成就，它为医学界注入了乐观的空气，从此人们终于相信，医学的发展是无止境的，一切皆有可能。

（2007.1.8）

人造髋关节

人类的智慧可以媲美大自然的创造。

以前，一个人生病了首先想到的肯定是治，其次……没有其次了，因为人们一直有个理念，那就是大自然创造出来的东西是不能用人工方法替代的。

髋关节置换术（Hip Replacement）的出现改变了这种状况。

髋关节指的是骨盆和大腿骨之间的那个关节，是人体最吃重的关节。一旦关节之间的那层软骨被磨光了，关节头直接接触关节面，患者便会疼痛难忍，严重时根本无法走路，严重影响了患者的生活质量。

人类很早就搞清了关节的构造，但是要想置换一个全新的人造关节，尤其是髋关节这种吃重很大的关节，却不是一件容易的事情。从上世纪 30 年代开始就有人尝试替换髋关节，有人采用不锈钢，也有人采用更结实的钴金属，但结果都不理想。

1954 年，英国召开了每年一度的整形外科大会，会上有人列举了髋关节整形手术遇到的困难。有个小个子中年人站起来说道："我看干脆别做了，从你们汇报的数据来看，现有的髋关节置换术完全失败了，还不如把病人的关节锯掉，把两头接起来让它们长死。这样虽然失去了活动能力，起码可以不疼了！"

此人名叫约翰·查恩雷（John Charnley），是英国的一个整形外科大夫。他本来不是搞这个的，有一次他的一个病人向他抱怨说，他在别处安装的人工髋关节一开始总是吱吱作响，弄得老婆总躲着他。几个星期后响声消失了，给他做手术的医生说，这是因为关节之间的摩擦减少了。

聪明的查恩雷却有不同意见。他研究过一个刚刚截肢下来的膝关节，发现关节表面的摩擦系数是惊人的 0.005，比冰刀和冰面的摩擦系数都要小。他认为起初的吱吱声正好说明人工关节为了不发生侧滑，必须紧贴在一起，后来声音消失则是由于关节松动造成的。这样的关节无法长久。要想得到耐磨的关节，必须设法找到一种摩擦系数小的人工材料。

查恩雷关起门来研究了七年，终于设计出一种全新的人工髋关节。他在三个方面改良了原来的设计。首先，他采用了一种新型材料——特富龙，也就是不粘锅采用的表面涂料。其次，他改良了原来的固定方式。过去医生们都用螺丝钉来固定人工关节，查恩雷却改用丙烯酸骨水泥（Acrylic Cement）。这种类似水泥的物质把关节的受力均匀分配到了整个骨头中，使得关节固定的强度比螺丝钉方式增大了 200

倍。第三，他修改了人工髋关节的参数。以前的医生们都是按照人体本身的关节大小来设计人造关节，但查恩雷不信邪，他通过计算发现，新材料改变了关节的特性，必须减少关节的大小才能使它更加牢固。于是他把关节头和关节面的大小减少了大约1英寸，效果比原来强了很多。

1961年，查恩雷把新的设计发表在著名的杂志《柳叶刀》上，开创了人工关节的新时代。

可是，几年之后出现了新情况。特富龙摩擦系数倒是很小，但耐磨程度不够，几年后就要重新更换。另外，特富龙会使人体产生异体排斥，造成关节肿大。查恩雷意识到问题的严重性，他停止了手术，整天把自己关在实验室里，试图找出新的替代材料。

一天，他的助手跑来说，有个推销员向他推销一种织布机上用的新耐磨材料，叫作"高分子量聚乙烯"（HMWP）。这种新材料是德国一家公司刚开发出来的，还没有上市。查恩雷用指甲在HMWP上划了一道，便把助手打发走了。可这位名叫哈里·克拉文（Harry Craven）的年轻人没有放弃，自己偷偷进行了试验，发现HMWP确实比特富龙好很多，便再次跑到查恩雷的办公室，要求老板再试一次。这一次查恩雷相信了助手的话，在仪器上不间断地试验了三个星期，结果HMWP的磨损程度只相当于特富龙的一半。

耐磨性有了，那异体排斥的特性怎么样呢？查恩雷决定用自己的身体做实验。他把一小片HMWP植入一条胳膊里，另一条胳膊里放入特富龙。几个月后植入特富龙的地方明显肿了起来，而 HMWP 一点没变。

有了实验结果支持，查恩雷又开始做手术了。在这之后的三年时间里他一共做了 500 例髋关节置换手术，然后跟踪观察了几年，发现有 92.7% 的病人可以说完全成功，这才于 1972 年又发表了一篇新的论文，汇报了这种新材料的好处。

至此，关于髋关节置换术的故事可以告一段落了。目前，起码在西方国家里，髋关节置换术已经是常规手术了，仅在美国每年就有 30 万人接受手术，创造了 20 亿美元的市场价值。更重要的是，这项手术提高了无数人的生活质量，在人口日益老龄化的今天，这项手术的价值尤其重要。

这一切都源自 50 年前的那个小个子外科医生聪明的大脑。查恩雷证明了人类的智慧可以媲美大自然的创造。

（2007.1.15）

解密异体排斥现象

一个天才的混血儿解决了免疫学上的两
个难题。

人造髋关节的成功证明了消费时代的一条语录同样适用
于医学界，那就是：修修补补不如换个新的。可是，髋关节
基本上属于物理学范畴，造起来相对简单。而人体内大部分
器官的功能都涉及生物化学，原理复杂，人造的总是比不过
天生的。

可是，谁说新的就一定是人造的呢？一个刚刚死去的人
身上可以"淘"到很多有用的活器官，只要死者（或者家
属）允许，把它们移植到患者身上不就可以了吗？这个想法
说起来简单，做起来却要复杂得多。

医生们最先尝试移植的是皮肤，因为皮肤移植手术相对
简单好做。可是，他们很快发现，移植过去的皮肤只能维持
几天，很快就会腐烂脱落，只有移自患者自身其他部位的皮
肤才能长久地生长下去。也就是说，人体仿佛有一种特异功
能，能够分清敌我。医生们一直没能搞清这种身份识别机制
到底是如何工作的。

揭开这个谜底的是一个混血儿，名叫彼得·梅达瓦（Peter Medawar）。此人1915年出生于巴西里约热内卢，他父亲是一个黎巴嫩商人，母亲是英国人。梅达瓦在里约的海滩上出落成一个高大英俊的小伙子，并因父母的影响而特别喜欢音乐。他的文学功底也不错，很擅长写作。中学毕业后他考到英国牛津大学附属的马格达伦学院念书，主攻动物学。在当时牛津大学，老师和学生的比例是1:1，每个老师都必须是全才，因为他们不直接教学生知识，而是指导学生自己看书学习。梅达瓦运气好，赶上一个出色的导师，教会了他怎样融会贯通，从各种不同的领域汲取营养。

后来梅达瓦成了牛津大学的一名教授，参加过抗生素研究。1941年的一天，他正和家人在院子里晒太阳，忽然听到一声闷响，只见一架失去控制的轰炸机从他头顶飞过，掉到离他家只有200米远的地方。飞行员侥幸活了下来，却有60%的皮肤被烧伤。梅达瓦对这名病人产生了兴趣，全程跟踪他的治疗过程。主治医生告诉他，对这样大面积烧伤的病人，如果不采取皮肤移植，仅靠抗生素是无法防止病菌感染的。

当时正值"二战"，有很多士兵需要进行这样的手术，但医生们一直没弄清为什么异体移植总不能成功。梅达瓦决定主攻这一领域，开始在动物身上做实验。细心的梅达瓦发现，如果用同一个动物作为皮肤供给者，那么第一次异体排斥发生在移植后十天左右，第二次排斥则发生得很快，几乎立刻就被接受者排斥了。知识渊博的梅达瓦很快联想到，这样的结果和免疫反应非常类似。比如种痘，就是先让人体接触一种弱致病性的抗原，让人体记住这种病毒的"样子"，之后再遇到同样病毒，人体就会立刻产生反应，把来犯之敌迅速歼灭。

梅达瓦把这个想法写成论文，发表后引起轰动。进一步实验证实了他的思路是对的，异体排斥现象的"元凶"就是免疫系统。

这个故事到此还未结束。1948年，梅达瓦去斯德哥尔摩参加学术会议，会上有人问了他一个类似脑筋急转弯的问题：如何分清同卵双生和异卵双生的小牛？梅达瓦自信地回答：这还不简单，只要把一头小牛的皮肤移植到另一头小牛身上就可以了，发生排斥的就是异卵双生。

会议结束后，那人邀请梅达瓦亲自去农场做这个实验，结果却让他大吃一惊，所有的双生小牛都没有发生异体排斥现象，这其中还有一雄一雌的，肯定是异卵双生。

面对挫折，梅达瓦没有灰心。他坚信自己的理论是正确的，只不过这些小牛的免疫系统发生了一些变化而已。他回家想了很久，终于想出了一个绝妙的解释：因为双生小牛是在同一个子宫里长大的，它们肯定在发育阶段互相熟悉了对方，因此它们的免疫系统对来自对方的细胞产生了耐受性。

为了证明自己的假说，他把一种小鼠的细胞注射进另一种小鼠的子宫内，让正在发育中的小鼠"认识"一下新朋友。然后等这只小鼠出生后再把前者的皮肤移植到后者身上。照理说，两种完全不同的小鼠之间的皮肤移植肯定会引发异体排斥现象，可这一次却没有发生，两者相安无事。梅达瓦把这一发现写成论文发表，并把这一现象取名为"获得性免疫耐受"。

梅达瓦发现的这一奇妙现象其实没有多少实用价值，但他总结出的理论为异体器官移植打开了一扇大门，因为他首次证明免疫系统是可以被改变的，免疫耐受性是可以在后天"获得"的。

1960年，梅达瓦因为对免疫学做出的杰出贡献而获得了诺贝尔奖。

（2007.1.22）

肾脏移植手术

人有两个肾脏，贡献出一个问题不大，
于是肾脏便成了第一个被移植成功的人
体器官。

现代医学在器官移植领域的成功充分说明了人类智慧的潜力是巨大的。

英国科学家彼得·梅达瓦就是依靠自己的智慧发现了异体排斥现象的机理，并且证明免疫系统是可以被"欺骗"的。但是他的发现只是为器官移植提供了理论上的可能性，要真正做到这点还需要更多的人贡献出自己的智慧才行。

事情还要从1894年说起。当时的法国总统在那一年遭暗杀，刺客的刀割断了他的肝静脉，医生们束手无策，眼睁睁看着他死于内出血。一个年轻的法国医生受了很大刺激，决心找到缝合血管的办法，他就是艾里克斯·卡雷尔（Alexis Carrel），那年还不到20岁。卡雷尔住在里昂，这是当时法国的刺绣工业中心，城里有很多精通丝织技术的老工人。卡雷尔找到一个专家，向她学习怎样用极细的针和丝线。他通过多次实践，发明了"三点缝合法"，在三处下针，同时抽线，这样血管就很自然地撑起来了，缝合起来容易了很多。后来这项技术在临床上应用广泛，不知挽救了多少人的生命。

掌握这门手艺后，卡雷尔很自然就想到了器官移植。他在狗身上做了多年实验，终于成功地把一只狗的肾脏先摘下来，再移植回去。卡雷尔的成功激励了美国波士顿布里汉姆医院的外科大夫约瑟夫·穆雷（Joseph Murray），后者终于在 1954 年完成了第一例人类肾脏移植手术。接受手术的是一个肾功能衰竭晚期的病人，他正好有一个孪生兄弟，愿意贡献出自己的一个肾脏。双胞胎之间是没有异体排斥的，这样就避开了这个棘手问题。

手术很成功，病人几周后就出了院，并立即和看护自己的护士结了婚，两人还生下了两个孩子。此人后来活了九年，最后死于心脏病。

第一次换肾成功后，全世界的医生们又做过 27 次孪生兄弟姐妹之间的换肾手术，成功了 20 次。不过他们心里清楚，这样做有点投机取巧，因为大多数病人都没那么好的运气，正好有一个双胞胎可以救急。

接下来，医生们开始在病人的直系亲属身上打主意，结果大失所望。那段时间全世界一共做了 91 次这样的手术，只有五名患者活过了一年，其余大都在手术后几个星期就死去了。非直系亲属之间的换肾结果更惨，120 例手术只有 1 例病人活过了一年。

肾脏移植手术从此进入了"黑暗时期"。

摆在医生面前的只有一条路：必须用人工方法诱导病人的免疫系统，使之不对外来肾脏发动攻击。有的医生想到了用X射线，这种方法暂时削弱了病人的免疫系统，其代价就是病人遭受病菌感染的机会也大大增加，得不偿失。

这时，有人想到了十多年前的一项发明，那就是美国生物学家乔治·希金斯（George Hitchings）和格特鲁德·伊利恩（Gertrude Elion）共同发明的治疗白血病的药物6-mp。这两人是美国一家制药公司的科学家，主攻方向是核糖核酸，可是在上世纪40年代，DNA的结构还没有搞清，DNA和基因之间的关系也没弄明白。不过，生物学家们已经知道核糖核酸是细胞分裂所必需的一种化学物质。

那时候的药学研究还很原始，制药公司大都采用瞎猫碰死耗子的方法，大量筛选有机化合物，希望碰上一个管用的药。但希金斯是个分子结构专家，他和伊利恩一起想出了一个绝妙的主意：假如能合成出与某个重要的化合物结构类似的物质，兴许就能骗过人体细胞，扰乱正常的生理功能。依据这一理论，他俩合成出一种与嘌呤结构很相似的化合物6-mp。这种东西一旦进入人体，就会被细胞当作嘌呤来使用。嘌呤是合成核糖核酸的重要前提，如果嘌呤被6-mp取代，核糖核酸就合成不了，细胞就无法分裂了。试验证明，6-mp果然能干扰淋巴细胞的繁殖，是治疗白血病的特效药。

这是人类第一次主动按照自己的需要设计出来的药物，

具有划时代的意义。

既然6-mp能够干扰淋巴细胞的分裂，兴许它也能影响到免疫系统的正常功能？就是基于这一想法，医生们试验了6-mp对器官移植手术的影响，果然很好。就在此时，希金斯和伊利恩又向医生们提供了一种新的更有效的DNA合成抑止剂——硫唑嘌呤（Azathioprine），试验证明效果比6-mp更好。

从此，器官移植的免疫壁垒被打破，肾脏、心脏、肝脏、骨髓和肺等等人体器官的移植纷纷获得成功，人类又多了一种摆脱病魔的手段。

卡雷尔、穆雷、希金斯和伊利恩这四位科学家后来都获得了诺贝尔奖。

（2007.1.29）

治疗高血压

假如治疗高血压的特效药早发明几年，
世界历史将被改写。

医生们很早就知道，高血压会使人的脑血管破裂，引发中风。中风是人类的第三大死因，侥幸逃过一劫的患者也会因中风而造成不同程度的残疾。虽然中风的危害如此之大，但是治疗高血压的方法却迟迟没能被发明出来，人类的历史也因此而受到了很大影响。

1945年2月，当时的美、英、苏三国首脑齐聚雅尔塔，讨论"二战"的善后问题。就在这个节骨眼上，美国总统罗斯福的高血压又犯了。他整天头昏脑涨，无心恋战。一种说法认为，丘吉尔人单势孤，眼看着强势的斯大林在这次会议上为苏联争到了许多利益。西方史学家认为，正是由于罗斯福的高血压，导致了美国政府对苏联的政策模糊不清，苏联这才得以在战后迅速崛起，与西方形成了冷战的格局。

雅尔塔会议结束两个月后，罗斯福总统死于脑溢血。就在几天前，八名美国顶尖医生刚刚为他做完身体检查，认为一切正常。

1953 年，斯大林的声望如日中天。可是，有一天他突然下命令把九名专门给领导人看病的医生抓了起来，指责他们密谋毒害苏共领袖，这就是震惊世界的"医生阴谋"案。被抓的九名医生当中包括斯大林的私人医生维诺格拉多夫（Vinogradov），他几乎是全苏联唯一一个了解斯大林的高血压状况的人。

斯大林指使克格勃对这些医生进行逼供。他曾经对克格勃首脑贝利亚开玩笑说：假如医生们不供出谁是主谋，贝利亚的身高就会"低一个头的高度"。就在斯大林开这句玩笑的第二天，他因中风而昏迷，几天后死亡。

其实，那时治疗高血压的特效药已经被发明出来了。假如维诺格拉多夫没有被关进监狱的话，斯大林本可以多活几年，那样的话，世界历史也将大不一样。

那么，高血压是怎么被制伏的呢？这要先从物理学谈起。众所周知，血液是由心脏收缩产生的力量被推向全身的，而遍布全身的血管可以被看作是一个封闭的橡皮管道。只要稍微想象一下血液在血管中的流动，就能够想出两个降低血压的办法：第一是减少血液的总量，第二是扩大血管的直径。

1944 年，一个名叫沃特·坎普纳（Walter Kempner）的医生发明了治疗高血压的"坎普纳菜谱"。这份菜谱只包括白米饭和水果，只含有人体所需的最低限度的水，不含盐分。假如每天都按照这个食谱吃饭，就能减少血液的总量，缓解高血压。可惜的是，这个食谱太无趣，很少有人能坚持下去。

后来又有人发明了手术治疗法，就是切除控制动脉直径的那根神经。这个方法的局限性也是显而易见，因为大部分高血压的危险性是潜在的，病人往往感觉不到自己有病。他们不会冒险去吃一种副作用强烈的药物，更不可能去做手术。

医生们急需一种有效而又简便的方法控制高血压，换句话说，他们需要找到一种无副作用的特效药。最终找到的两种药物正好代表了人类发现新药的两种途径：碰运气和主动设计。

先说碰运气的那个。早在30年代，医生们就发现，接受磺胺治疗的病人尿多。1949年，一名医生尝试用磺胺清除肺部积水，取得了良好的疗效。于是有人猜测磺胺也可以用来减少血液总量，可惜磺胺副作用大，没人敢用它来治疗高血压。后来一个名叫卡尔·贝尔（Karl Beyer）的美国医生决定挨个儿试验磺胺的衍生物，找出副作用小的那个。通过多次试验他终于找到了一种名叫氢氯噻嗪（Chlorothiazide）的化合物，能够利尿，降血压，而且副作用小。

再来说说主动设计出来的那个降压药。此药名叫普萘洛尔（Propranolol，又名心得安），其原理来自人类对肾上腺素的了解。研究发现，肾上腺素能够刺激人体内的 β 受体，使心跳更快更强。英国科学家詹姆斯·布莱克（James Black）由此想到，假如能够降低 β 受体对肾上腺素的反应强度，不就能减缓心跳的力量吗？他就是根据这一思想发明了普萘洛尔，这是一种 β 受体阻断剂，试验证明它能减缓心跳的频率和强度，有效地降低血压。

这两种降压药都有效，但在科学上的价值却有着很大的差别。布莱克因为主动设计出了新药而获得了诺贝尔奖，贝尔则没份。

（2007.2.5）

攻克癌症

"没有受过生化或者医学训练的人很难理解癌症为什么那么难以攻克，这就好比说要找到一种溶剂，只溶解左边的耳朵，而不损害右边的那只。"癌症专家沃格卢姆说。

当人类学会了做手术之后，固体肿瘤（Solid Tumor）就不那么可怕了。但是，如果癌细胞扩散到了全身，或者发生癌变的是血液里的细胞，那就只能用别的办法，比如化疗。

急性淋巴细胞白血病（简称 ALL）就是一种淋巴细胞癌变，患者多为 5～6 岁的儿童，他们骨髓里的淋巴母细胞失去了控制，疯狂繁殖，占用了其他血液细胞的资源。于是，患者体内的红细胞和血小板都不够用了，免疫系统也受到侵害。一旦患病，最多只能活三个月。

对付 ALL 最好的办法就是化疗，前提是必须找出癌症和正常细胞的区别。可是，初步研究发现，两者区别很细微，就好像左耳和右耳，外行人很难看出来。于是，癌症专家沃格卢姆（W. H. Woglom）在 1945 年发出了这样的慨叹：治疗癌症太难了！

如果连敌我都分不清，治疗便无从谈起。这就不难理解，为什么历史上第一个对付癌症的药物竟是瞎猫碰上了死耗子。那是"二战"时候，为了防止轴心国率先使用化学武器，美国专门成立了一个化学武器研究部门，研究重点之一就是氮芥子气（Nitrogen Mustard）。有个医生发现，人一旦接触了氮芥子气，3～4天后白细胞的数量就会直线下降。两个耶鲁大学的科学家看到这个报告，心想，既然氮芥子气能破坏健康白细胞的繁殖能力，那么它会不会也能杀死癌变的白细胞呢？要知道，那时科学家对癌症了解很少，他们认为癌细胞比正常细胞分裂得快，因此他们相信那些具有干扰细胞繁殖能力的药物肯定能优先杀死癌细胞。

第一次化疗试验是在小鼠身上进行的，结果很不错。首战告捷后，这两位耶鲁科学家又进行了第一次人类实验，受试者是一个濒死的淋巴癌晚期病人。服用氮芥子气后病人的病情明显好转，可惜不久后癌细胞产生了抗性，病人只多活了两个月。

这项实验是美国军方赞助的，属于绝对机密。"二战"结束后，美军化学武器部门的负责人科尼利亚斯·罗兹（Cornelius Rhoads）意识到军医们战时获得的宝贵知识很可能对治疗癌症有帮助。1948年，美国通用汽车公司的高级主管阿尔弗雷德·斯龙（Alfred Sloan）和查尔斯·凯特灵（Charles Kettering）同意了罗兹的建议，出资成立了"斯龙－凯特灵学院"（Sloan-Kettering Institute），罗兹出任该学院的第一任院长，他把很多前军方的研究人员招至麾下，开始了对癌症的攻关。五年后，美国国会也拨出专款，在"美国国立癌症研究所"旗下成立了"化疗分部",花了十年时间筛选了 21.49 万种化学物质,试图从中找出抗癌灵药。

就这样,在世界各国科学家的共同努力下,从 1945 年至 1975 年,一共发现了大约 30 种有价值的抗癌药物,其中绝大部分都是意外发现或者随机筛选得来的。

手中有了武器,医生们开始了艰苦的化疗实验。因为化疗药物毒性大,杀死癌细胞的同时顺带着杀死了大量的正常细胞,患者往往上吐下泻,生不如死。比如 ALL,患病儿童开始化疗后头发便一把一把地掉,食欲尽失,发育也因此而停止。如果仅仅是这些倒也罢了,可惜癌细胞不知为何总也杀不死,一旦它们产生了抗性,卷土重来,病人还是只有死路一条。根据 1967 年的一项统计,在此之前 20 年间进行了超过 1000 例儿童 ALL 化疗,结果只有两人活过了五年,其中一人在调查结束后不久也死了。换句话说,ALL 化疗的成功率只有大约 0.07%!于是,很多医生都对化疗表达了不满,认为化疗只会增加患者的痛苦,根本没有必要。

最后还是在"斯龙-凯特灵学院"工作的科学家霍华德·斯基普(Howard Skipper)解决了这个问题。他认为化疗药物的疗效遵循"一级动力学"(First Order Kinetics),也就是说,同样浓度的药物能杀死同样比例的癌细胞,而不是同样数量。比如说,某浓度的药物能杀死 99% 的癌细胞,患者原来有 1 万个癌细胞,第一轮用药杀死 9900 个,还剩下 100 个。第二轮如果还用同样浓度,也只能杀死 99%,

即 99 个癌细胞，最后还会剩下一个活的。按照这个理论，用药时必须坚持大剂量，持续用药，以及多种药物同时进行，不能因为害怕副作用而在第二轮用药时减少剂量。

这是一个革命性发现。按照这一理论设计出新的化疗方式虽然让患者吃尽了苦头，但却把 ALL 的治愈率提高到了70% 以上。

（2007.2.12）

试管婴儿的诞生

治疗某些不孕症的药方看似简单，医生们却耗费了40年时间才获成功。

1937年，美国科学家格里高利·品卡斯（Gregory Pincus）宣布他成功取出了人的卵细胞，并在体外培养成熟。次年，美国科学家约翰·洛克（John Rock）决定进行大规模人体实验。他花了七年时间，用开刀的办法从多名志愿者体内取得了800个卵细胞，进行体外受精实验，结果只有一例成功。消息一经公开，求援信如雪片般飞来，很多因为输卵管堵塞而不能怀孕的妇女把洛克当成了救命稻草。可是，洛克却宣布放弃了这项研究，原因很简单：如此低的成功率根本没有任何实用价值。

1960年的一天，一个名叫鲍勃·爱德华兹（Bob Edwards）的年轻英国生理学家正在图书馆里查资料。他刚刚提取出小鼠的卵细胞，并在体外培养的条件下使它成熟。接下来他决定试试人的卵子，却在图书馆里发现了品卡斯的论文。"妈的！"他当场轻声骂出来。他知道，科学是不承认亚军的，如果有人已经做过同样的事情，那么他的研究就一文不值了。

郁闷了一阵子，他又产生了一个疑问：为什么距离品卡斯的论文都过去了四分之一个世纪，却一直没人重复出同样的结果呢？他决心亲自尝试一次，便找到一名妇科医生，利用他给病人做妇科手术的机会，顺便取出一些卵细胞进行实验。他试了两年，居然没有一个卵细胞在体外培养成熟。要知道，卵子只有成熟后才能被受精。"难道品卡斯错了？"他问自己。想来想去，他想不出合理解释，只能得出一个结论：也许人真的是很特殊的哺乳动物，上帝在造人的时候玩了点高难度的技巧。

没办法，爱德华兹只好转行干别的去了。

可是，爱德华兹是一个很轴的人，他一直对这次失败耿耿于怀。1963 年的一天，他在开车上班途中突然冒出一个想法：也许人的卵子并不那么特殊，只是比小鼠需要更多的时间罢了？要知道，品卡斯的论文里说人的卵子只需要几小时就成熟了，因此爱德华兹最多只培养过 12 个小时，洛克的实验也是如此。

他立刻打电话给那名妇科医生，让他再想办法提供几个卵细胞。这一次，爱德华兹耐心培养了 26 个小时，终于成功了。

下一步该试试体外受精了。这个领域的专家是一个美籍华人，名叫张明觉。他 1908 年出生于山西，1938 年到英国留学，获得剑桥大学的博士学位。1951 年，张明觉提出了精子"获能"理论（Capacitation），这个理论认为精子必须被输卵管里的某种物质"激活"，才能获得使卵子受精的能力。当时没人知道这种神秘物质究竟是什么，于是爱德华兹尝试了各种匪夷所思的办法，比如先把精子和输卵管碎片共同培养一段时间，甚至在猴子的输卵管中进行受精，结果都不成功。

也许，上帝真的在造人的时候做了点手脚？爱德华兹再一次放弃了研究，干别的去了。

两年之后，也就是1967年，爱德华兹的同事，一位名叫巴里·巴维斯特（Barry Bavister）的科学家找到了一个简单配方，只需在细胞培养液里加入葡萄糖、重碳酸盐和一点小牛血清，就能使仓鼠的卵子完成体外受精。爱德华兹的热情再一次被点燃，他用同样的配方试了一次，居然很容易地就成功了。

事情发展到这一步，卵细胞来源就成了问题。以前都是用手术的办法从志愿者的卵巢中取得，显然成本太高。恰在此时，一位名叫帕特里克·斯泰普图（Patrick Steptoe）的英国医生发明了腹腔镜（Laparoscope）。爱德华兹去找斯泰普图合作，做了些小改良，终于可以在不开刀的情况下取出卵子，极大地减少了成本和风险。

腹腔镜毕竟是一个小手术，能不能一次多取出几个卵细胞呢？爱德华兹尝试用"促排卵激素"来促使妇女多排卵，结果还真有效。这样一来，成本进一步降低了。

最后一步就是植入胚胎。爱德华兹用一种名叫 Primolut 的激素补充剂来延长月经周期，以为这样可以让胚胎便于着床。可是他实验了好几年都不成功，最后好不容易成功了一次，却发现是宫外孕，必须立即终止。这次宫外孕终于让爱德华兹开始怀疑 Primolut 的作用，也许 Primolut 反而破坏了子宫壁？

后来的实验证明，Primolut 其实有堕胎的功效。当时爱德华兹并不知道这些，但他想来想去，还是决定简化实验程序，不用人工激素，不干扰人体自身的激素分泌。他停用促排卵激素，通过监控人体正常性激素分泌的办法来预测排卵的日期，然后在那一天用腹腔镜吸出正常排出的卵子，进行体外受精。胚胎植入子宫后也不再采用 Primolut。结果他成功了。

1978 年，人类第一例试管婴儿在英国诞生，取名路易丝·乔伊·布朗（Louise Joy Brown）。

回想起来，爱德华兹意识到他最后采用的方案其实正是他 1971 年时用过的那个。当时他没有信心，稍微遇到点挫折就放弃了。不过，这也绝不能怪他。科学实验就是这样，在尚未成功的时候，谁也不敢肯定毛病究竟出在哪里。

爱德华兹的耐心和毅力最终让他获得了成功。

（2007.3.5）

消化道溃疡的真正元凶

对权威的盲目迷信，会让你对显而易见
的事实无动于衷。

消化道溃疡（Peptic Ulcer）是指胃和十二指肠内壁的保护性黏膜破损，导致胃酸侵蚀消化道，严重的还会引发胃出血，甚至胃癌。

中医认为消化道溃疡的病因主要是"情志所伤、饮食劳倦"等。在中医看来，忧思恼怒、七情刺激、脾气郁结、饮食失节或偏嗜等都可以诱发消化道溃疡。中医建议的临床治疗多以疏肝和胃、温中健脾、养阴益胃、活血化瘀、调理寒热等治法为主。

上世纪 80 年代以前，西医的看法和中医类似。他们认为绝大多数消化道溃疡都是由于焦虑或者精神压力过大造成的，属于心理疾病。

首先发现这个规律的是精神分析师们。上世纪 30 年代，弗洛伊德的精神分析法非常流行，有个名叫弗朗兹・亚历山大（Franz Alexander）的美国心理医生撰文指出，消化道溃疡病人都患有"心理依赖症"。他们内心里渴望被权威庇护，被家长"喂食"。对应到消化系统，就是胃酸过量分泌，就像婴儿看到母亲的奶头一样。这个理论在当时非常流行，后来甚至发展到把责任推给了病人的家长，有医生研究后得出结论说：消化道溃疡病人的母亲都是"母老虎"，而他们的父亲则都是"妻管严"。

精神分析师们的理论很快就找到了临床证据。上世纪40年代的时候，纽约医院接待了一名奇怪病人，此人小时候因为误食热汤而烧伤了食管，愈合后食管被堵，医生只好在他的腹部开了个小口，插进一根管子直通他的胃。从此，这个代号为"汤姆"的病人就无法正常进食，他只能先把食物在嘴里嚼烂，然后吐到管子里，直接倒进胃中。纽约医院有两个医生发现汤姆后如获至宝，他俩一个叫斯蒂伍德·沃夫（Steward Wolf），一个叫霍华德·沃夫（Howard Wolff）。这两个沃夫想办法让医院雇用汤姆作为清洁工，于是他们每周都可以有五天时间详细观察一个活生生的胃。他俩做了一根塑料管，直接插到汤姆的胃里，收集胃液。然后，两人设计了各种办法刺激汤姆，比如故意错怪他，让他生气，或者以解雇相威胁，让汤姆感受到压力，等等。与此同时，两人分析汤姆的胃液，研究汤姆的心理状态和胃酸分泌量之间的关系。后来两人写了本书，"证实"了心理学家们的理论。因为"汤姆"的特殊性，使这本书成为研究人类消化系统的最权威的著作之一。

在这一理论指导下，西医们设计出很多治疗方案，但思路都是一致的：要么中和胃酸，要么减少胃酸的分泌。医生们还会叮嘱病人，一定要学会控制自己的情绪，并杜绝辛辣食品，减少抽烟，因为烟和辣椒都能刺激胃酸分泌。这些治疗方法都取得了一定功效，病人的症状暂时消失了。但只要一停止用药，溃疡就又会复发，医生们对此束手无策。

其实，有一项数据明显地与"精神理论"不符，那就是消化道溃疡的发病率。据统计，消化道溃疡在19世纪还是一种很罕见的疾病，进入20世纪后发病率直线上升，到1950年大约每十个成年男性中就有一名患者。可在1960～1972年这12年里，消化道溃疡的发病率却突然经历了一次低谷，降幅高达50%。这种大起大落不太可能是由心理因素造成的，反而更符合传染病的特征。但是，当时的西方主流医学界对权威的迷信阻碍了科学家们对病因的质疑。

80年代初，有个名叫巴里·马歇尔（Barry Marshall）的年轻澳大利亚医生接触到一个奇怪的胃溃疡病人，这名病人同时患上了支气管炎，因此服用了大量四环素，结果他报告说自己的胃溃疡症状有了明显的好转。其实这样的病历肯定发生过不止一次，但马歇尔当时刚当上住院医生，没有多少临床经验，没有成见，很自然地把四环素和胃溃疡联系在了一起。也就是说，他怀疑溃疡病其实是一种病菌引起的。

同院的另一个名叫罗宾·沃伦（Robin Warren）的病理学家在显微镜下发现溃疡病人消化道内存在一种螺旋形的幽

门螺杆菌，但当时没人相信这是溃疡病的元凶。马歇尔却如获至宝。为了证明自己的假说，马歇尔必须在实验室条件下培养出这种病菌。他试了34次都没有成功。第35次实验被复活节打断了，那个细菌培养皿因此在培养箱里多待了五天，正是这多出来的几天被证明是培养幽门螺杆菌的关键。

马歇尔自己吞下了一管培养的幽门螺杆菌，一星期后他果然得了胃溃疡，服用抗生素后症状很快消失。之后，他又进行了一次大规模临床试验，终于证明幽门螺杆菌才是消化道溃疡的真正元凶。相比之下，精神紧张或者辣椒食品只是其中比较次要的原因。

2005年，两人因为这项成果获得了诺贝尔生理学或医学奖。

这项成就让越来越多的科学家开始怀疑权威的结论。也许很多以前被认为是内源性的疾病其实是某种病菌在作怪。

（2007.3.12）

杰克逊实验室传奇

今年是杰克逊实验室诞生 100 周年。这个实验室每年为科研机构输送 250 万只实验小鼠。

自从青霉素被发现以来，医学研究经历了一段长达半个多世纪的"大跃进"，很多不治之症相继被攻克。但是最近的 50 年，医学进步的速度明显变慢了，癌症、心血管病、艾滋病、老年痴呆和肥胖等多种疾病一直没有找到根本的解决办法。造成这一现象的主要原因，就是这些疾病的病因越来越复杂了，给科学实验造成了很大的困难。

一个好的科学实验必须将可变因素降至最低，最好每次只变动一个参数，其余的全都一样，只有这样才能在结果和条件参数之间建立起确定的因果关系。打个比方，如果你想知道某个基因是否可以导致乳腺癌，就必须找到两组实验对象，双方唯一的差别只有这个基因，其余的都一样。显然，在人类中很难进行这样的实验，要想得到一群基因完全一样的人，必须进行好多代的近亲交配，从伦理上讲是不可能的。

科学家只能从动物身上打主意。

话说 1907 年，刚刚从哈佛大学遗传学专业毕业的克拉伦斯·里特（Clarence Cook Little）在导师的建议下决定着手建立几个"纯净"的小鼠品系。小鼠是哺乳动物，繁殖速度快，非常适合作为人类疾病研究的"模型动物"。他跑到附近的一家宠物商店，买回一批小鼠，让它们近亲交配，坚持了二十多代，终于成功培育出几个遗传特性完全相同的品系，其中每只小鼠的基因都完全一样，就像是同卵双胞胎。

有了这批特殊的实验材料，里特便开始着手研究小鼠的生理特征和遗传的关系。比如，他把黄毛小鼠和黑毛小鼠交配，统计后代的肤色，就能找出控制肤色的基因。其实，那个时候人类还没听说过 DNA 呢，只是知道有某种遗传因素决定了生物的"表现型"。比如，被誉为"遗传学之父"的孟德尔就是通过豌豆杂交，找到了控制豌豆光皮和皱皮的数学模型，从而提出了类似"基因"的概念。

但是，控制豌豆表皮形状的基因只有一个，计算起来十分简单。随着基因数目的增加，表现型的复杂程度会呈现几何级数的增长。在数学家的帮助下，里特做了好多次小鼠杂交实验，终于计算出控制小鼠"异体排斥"现象的基因有14 个，后来证明他是对的。这个实验结果十分超前，要知道，这是发生在 1916 年的事情！

后来，里特拿到一笔资助，在缅因州的一个名叫"巴尔港"（Bar Harbor）的海滨城市建立了一个大型小鼠饲养中心。因为其中一个资助人名叫杰克逊，因此这个中心被命名为"杰克逊实验室"（The Jackson Laboratory）。

大萧条时期，"杰克逊实验室"失去了经费来源，连灯泡都买不起，实验员在一间屋子里做完实验，必须拧下灯泡，带到下一个屋子里去。眼看维持不下去了，里特想出了一个生财之道：卖小鼠。因为开始得早，里特手里拥有的小鼠品系是全世界最多的，需求量很大。从此，"杰克逊实验室"逐渐演变成一个专门提供小鼠品系的"鼠库"。

现在，"杰克逊实验室"是公认的世界最大的实验动物供应商，每年向全世界的实验室输送 250 万只小鼠。该实验室一共有三千多个"纯粹"的小鼠品系，占到全世界已知小鼠品系的 3/4。

"杰克逊实验室"也有自己的科学家，他们利用实验室丰富的小鼠资源，着手研究一些看似非常宏大的课题。比如，加里·丘吉尔（Gary Churchill）博士领导的一个实验小组目前正在研究控制肥胖的基因。他把一种小而胖的小鼠品系和另一种体积大却很瘦的品系杂交，统计后代的表现型，再和亲代的基因标记做对比。经过大量的实验后，他找到了12 个与胖瘦有关的基因。这些基因的功能都不一样，有的只管体积，有的只管脂肪厚度，有的什么都管，还有的基因本身可以让小鼠变胖，但它却同时负责调控另一个基因，其结果却是让小鼠变瘦！

丘吉尔画了一张小鼠胖瘦基因的"联络图"，看起来很像一张蜘蛛网。不过，丘吉尔还是很高兴，因为基因的数目毕竟有限，它们之间的相互关系还是可以搞清楚的。假如有1000个基因控制胖瘦（不是没有可能），丘吉尔就死定了。

丘吉尔的这项研究表明，单个基因很难解决任何问题。人体是一个复杂的系统，大多数表现型（或者说疾病）都由很多个基因一起协调控制。这就是为什么我们经常听说科学家找到了控制某个疾病的基因，却没了下文的真正原因。

"不过，我倒宁可是这样，而不是单个基因。"另一位科学家评论说，"否则的话，一旦这个基因很难操作，这个病就没有治愈的可能性了。现在好了，只要搞清基因网络的工作原理，就总能找到调控的办法。"

（2007.6.25）

寻找心脏病的真正元凶

59岁的侯耀文不幸成为突发性心脏病的又一个受害者，他的早逝再一次提醒那些看上去很健康的40～60岁中年男性：心脏病是你们最危险的杀手。

人类关注心脏病的历史并不长，因为在100年前，心脏病还是鲜为人知的疾病，当时就连很多从医多年的医生都没遇到过一个心脏病人。可是，自上世纪20年代开始，心脏病发病率突然来了一次爆发。也就是从这一时期开始，医学界终于见识了心脏病的厉害，并开始研究它。

只要做几次解剖就能发现，心脏病人的冠状动脉内壁有粥样物质，阻塞了为心脏供血的通道。进一步分析表明，粥样物质中含有大量的胆固醇。胆固醇是细胞膜的重要组成成分，也是很多激素的前体。大部分胆固醇是由肝脏合成的，也有部分胆固醇来自食物中的动物脂肪。于是有人猜测，垃圾食品的流行会不会是心脏病发病率突然上升的原因呢？

首先试图寻找答案的是美国明尼苏达大学教授安西尔·基斯（Ancel Keys）。他曾受美军委托，发明了"K氏野战口粮"（K Ration），里面包括香肠、饼干、巧克力和香烟。"二战"时美军大量配备了这种口粮，很多士兵连续几个月都靠这玩意儿活着。

"K 氏口粮"的危害在朝鲜战争的时候终于被揭示了出来。当时美军曾经派遣了一个医疗小组,在战场实地解剖死去的士兵,试图比较不同类型的子弹对人体组织的伤害。可是,医生们惊讶地发现,大约有 3/4 的美军士兵的冠状动脉里都不同程度地堆积了粥样物质。换句话说,这些人即使没有死于战场,也会在中年时候死于心脏病。

于是,"K 氏口粮"几乎成了"垃圾食品"的代名词。作为它的始作俑者,基斯开始着手研究动物脂肪、胆固醇和心脏病三者之间的关系。他从自己的家乡招募了 300 名男性商人(基斯假设商人比较有钱,吃动物脂肪的机会更多),对他们的生活习惯进行跟踪调查,结果发现,吸烟、高血压和血液中的高胆固醇含量是影响心脏病发病率的三大原因。

既然如此,减少动物性脂肪的摄取量是否能降低胆固醇含量,继而降低心脏病的发病率呢?这个问题比较难回答,因为在人身上进行这种实验是相当困难的。那么,有没有别的办法验证这个理论呢?

1951 年,基斯去罗马参加学术会议,一位意大利同行提醒他注意那不勒斯人的饮食习惯,因为那里的心脏病发病率极低。基斯受到启发,去那不勒斯展开调查,结果发现那不勒斯人平时只吃面包、面条、蔬菜和橄榄油,他们的食物中几乎不含动物性脂肪。基斯又测量了那不勒斯人血液中的胆固醇含量,发现比明尼苏达商人低 1/3!这一发现激起了基斯的兴趣，从此他开始对世界各民族的饮食习惯和胆固醇含量进行普查。

基斯重点研究了两个极端的例子。其一是芬兰。基斯注意到芬兰人喜欢吃奶酪，并且经常在面包上抹一层厚厚的奶油。研究发现，芬兰人血液中的胆固醇含量极高，心脏病的发病率也很高。

另一个例子是日本。众所周知，日本人喜欢吃米饭，很少吃肉。研究表明，日本人血液中的胆固醇含量极低，而日本人中的心脏病发病率也很低，基斯在一家大医院只找到了一个心脏病人，而他恰是一个在美国生活了 30 年的医生。为了证明这一现象不是遗传造成的，基斯研究了移民美国的日本侨民，结果发现他们血液中的胆固醇含量随之升高，心脏病的发病率也增加了不少。

根据这些研究，基斯提出了"胆固醇理论"，认为动物性脂肪摄取量和心脏病发病率之间有着直接关联。从此，基斯提倡"低脂肪饮食"，尤其是以碳水化合物和橄榄油为主的所谓"地中海食谱"。1961 年美国《时代》周刊把基斯作为封面人物，宣告了欧美国家"健康饮食"时代的到来。

基斯创立的这一理论在 50～60 年代经历过几次波折，不少科学家怀疑这个说法的正确性，有人认为，人体有一个精确的平衡系统，能够把胆固醇含量维持在相对稳定的水平，饮食的波动不会对这一平衡有太大的影响。正是由于这些人的质疑，使得"胆固醇理论"变成了"胆固醇争议"

（Cholesterol Controversy），他们甚至成立了属于自己的联盟，反对把降低胆固醇作为防止心脏病的主要手段。

70 年代，日本科学家找到了几种能够降低血液胆固醇水平的药物，被统一命名为他汀类药物（Statins）。临床试验证明，他汀类药物确实能降低心脏病的发病率，这一结果为"胆固醇争议"画上了句号。

1984 年，《时代》周刊用鸡蛋和咸猪肉做封面，宣布胆固醇正式被认定为心脏病的罪魁祸首。从此，西方国家开始了一轮又一轮宣传攻势，终于把胆固醇变成了西方人谈之色变的恶魔。

需要指出的是，大多数科学家都认为，胆固醇只是引发心脏病的因素之一，心脏病还有很多其他原因，有待进一步研究。

（2007.7.16）

凡士林传奇

影星梅格·瑞恩、斯嘉丽·约翰森和模特泰拉·班克斯的共同点是什么？她们都有一身健康的皮肤，她们最喜欢的护肤品都是凡士林。

2007 年 4 月，英国《每日电讯报》刊登了一封读者来信，这位女士用凡士林消除了腿上的两个疤痕，还去掉了脸上的一颗黑痣。这封信刊登后的一周内，《每日电讯报》收到了几麻袋读者回信，大家纷纷贡献出自己使用凡士林的心得，从护肤到去皱，从治疗婴儿疹到消除牛皮癣，应有尽有。

如果罗伯特·切森堡（Robert Chesebrough）还活着的话，一定会说："我早就告诉过你们，凡士林是万能药。"

这个切森堡是一个美国化学家，擅长从鲸鱼脂肪里提取煤油。1859 年，美国宾夕法尼亚州发现了石油，切森堡失业了。他不甘心失败，跑到宾州油田，想看看神奇的石油到底是怎么回事。细心的他很快发现，油田的工人喜欢收集钻井台边上常见的一种黑糊糊的凝胶，把它抹在受伤的皮肤上，据说能加快伤口愈合的速度。切森堡拿了一点回去化验，知道这是一种高分子碳氢化合物，在石油里有很多。

经过试验，切森堡找到了提纯它的方法，最后得到了一种无色透明的胶状物质，无臭无味，不溶于水，所有常见的化学物质都不会和它起化学反应。他故意在自己的腿上割了一刀，然后把这玩意儿涂了上去，结果伤口很快愈合了。

1870年，切森堡向美国专利局申请了专利，把这种东西命名为"凡士林"（Vaseline）。他还成立了一家公司，开始向美国公众销售这种神奇的凝胶。可是，没人相信这东西真的有效，销量一直打不开。

情急之下，切森堡拉着一车凡士林，当起了走街串巷的"蛇油贩子"。那时美国大街上有很多卖蛇油的小贩，和旧中国"卖大力丸"的江湖艺人非常相像。切森堡借鉴了蛇油贩子们的做法，每到一处都亲自表演"硬功"，就是当着大家的面用刀把自己割伤，或者用火烧自己的皮肤，然后自信地涂上凡士林，并向围观群众展示几天前弄伤的伤口的愈合。这个方法果然很有效，凡士林迅速风靡全美国，切森堡发财了。

可是，切森堡不是医生，他真的相信凡士林含有一种神秘物质，能够包治百病。有一年他得了胸膜炎，便让人把自己从头到脚都涂满了凡士林。后来他病好了，更相信凡士林是神药，每天都要吃一勺凡士林。这件事传开后，美国民间掀起了一股凡士林热，不管什么病都用。

切森堡活了96岁才去世，他认为自己的长寿就是凡士林的功劳。

可事实是怎样的呢？科学家对凡士林进行了仔细研究，发现凡士林里除了极具化学惰性的碳氢化合物之外，一无所有。但它不亲水，涂抹在皮肤上可以保持皮肤湿润，使伤口部位的皮肤组织保持最佳状态，加速了皮肤自身的修复能力。另外，凡士林并没有杀菌能力，它只不过阻挡了来自空气中的细菌和皮肤接触，从而降低了感染的可能性。

凡士林的很多"疗效"都和这两个特性有关。比如，妈妈们喜欢在婴儿屁股上涂一层凡士林，避免因湿尿布长期接触皮肤而引起湿疹。鼻子流血的人也可以把凡士林涂在鼻孔内壁，这样可以阻止继续出血。甚至口腔溃疡的病人也可以先用纸巾擦干患处，然后涂上一层凡士林。凡士林能防止溃疡接触口腔内的酸性物质，加速溃疡的愈合。

凡士林被用作护肤品，道理也在于此。但是，很多人把凡士林和甘油弄混了。虽然两者都能保持皮肤湿润，但原理正好相反。甘油属于醇类，水溶性极强，能够不断地从空气中吸收水分，避免皮肤干燥。

凡士林非常便宜，很多爱美的女士因此对它不屑一顾。事实上，与市场上其他更加昂贵的护肤品相比，凡士林的化学惰性使得它对任何类型的皮肤都没有刺激作用，因此凡士林属于广谱护肤品，谁都能用。正因为如此，廉价的凡士林仍然是目前全世界使用最多、性价比最高的护肤品。

不过，专家也警告说，下列几种情况不宜使用凡士林。第一，刚刚烧伤时最好不用，否则热量散不出去，反而会影响伤口愈合。第二，鼻子阻塞时不要使用，因为凡士林会影响鼻毛对脏空气的清洁能力。第三，使用避孕套时最好不要使用。因为凡士林是脂溶性的，能够和橡胶发生反应，造成避孕套破损。

（2007.7.30）

科里毒素

100 年前，有个医生发明了一个方法，
可以让恶性肿瘤自动消失。

很多人都听说过癌症病人放弃治疗后却又奇迹般自动康复的故事，病人听了这样的故事也许会重燃希望，但是一个资深的医生是不会轻信的，因为经验表明，所谓癌症的"自发缓解"（Spontaneous Remission）发生率很低，一般认为每8 万个病人当中才会出一个"幸运儿"。很多坊间流传的传奇故事要么属于"另类医生"们故意造假，要么属误诊，也就是说，病人最初根本就没得癌症。

虽然发生率很低，但癌症的"自发缓解"确实曾发生过。不少科学家试图研究这一现象的内在机理，最终让普通病人受益。目前科学界倾向于把功劳归到免疫系统名下，可惜的是，免疫细胞种类繁多，彼此间依靠复杂的化学信号相互联系、相互促进、相互制约，要想搞清究竟是哪几种免疫细胞参与了"自发缓解"，是一件相当困难的事情，更不用说人工诱导了。

但是，一百多年前，一个名叫威廉·科里（William Coley）

的人发现了一个窍门，能让普通人也变成"幸运儿"。此人是一名骨科医生，1890年他28岁时进入纽约医院的骨科，做了一名大夫。上班不久，他收治了一个刚满17岁的女病人，手臂上的恶性肉瘤已到了晚期。科里按照当时的标准做法，截去了病人的右臂。可是，癌细胞还是扩散到病人全身，手术后不久她就死了。这件事给了科里很大的刺激，他决心找出治疗肉瘤的法门。很快，他找到了一个成功病例，患者已经活了七年仍然没有复发。他仔细看了这人的病例，发现他在治病期间得过丹毒（Erysipelas）。这是一种细菌造成的皮肤感染，患者皮肤变红，疼痛难忍，并经常伴有高烧。病例显示，就在那次高烧后，病人的肿瘤也迅速缩小，最后竟彻底消失了。科里猜想，会不会是这次感染激活了病人的免疫系统，活跃的免疫细胞"顺手"杀死了癌细胞呢？

科里查阅了大量文献，找到了一个有力证据。他发现，早期的癌症手术成功率比19世纪末期要高。18世纪时有个医生曾宣称用手术的方法治好了85%的癌症病人，而在科里的时代，即使是条件非常好的纽约医院，这个比例也不过25%。科里认为，过去的外科手术缺乏消毒措施，病人经常会发生感染，而在19世纪末期的美国，手术时的消毒程序已经非常完善，发生感染的概率远小于过去。

科里从文献资料中还发现，这个思路并不是他首创的。很早就有医生用人为感染的办法治疗癌症，早年的医生们甚至尝试过让癌症病人得肺结核、梅毒和疟疾！虽然这个办法治好了一些癌症，但不少病人死于传染病，有点得不偿失。有了前人的教训，科里决定改用不那么致命的病菌，诱发丹毒的化脓性链球菌（Streptococcus pyogenes）正好就是这样一种非致命性的细菌。

1891年，科里找到一个身患癌症的志愿者。科里向病人的肿瘤里注射链球菌，两个月后肿瘤缩小。可是，停止注射后肿瘤很快又开始增大。科里只好从细菌学家那里要来一株毒性超强的链球菌，再次给病人注射，结果病人连发了两周高烧，退烧后肿瘤也迅速缩小，最后竟消失了。

科里认为自己找到了诱发癌症"自发缓解"的法门：让病人发高烧。他用这个方法治疗了十个病人，虽然都有不同程度缓解，但其中两人因为感染太过严重而去世了。科里总结经验，决定不用活细菌，改用从细菌中提取出来的细菌毒素。试验证明这种方法同样能够引发高烧，但却不会让病人得传染病。

试验了好几种细菌毒素后，科里找到了最佳组合，取名"科里毒素"（Corey's Toxin）。不过科里坚称毒素的成分并不重要，关键是治疗方法。他会根据病人的体质和癌症的情况，把适量的"科里毒素"直接注射进肿瘤的内部，让病人持续发烧好几个星期，甚至数月。这个方法获得了一定的成功，不少癌症病人病情获得了极大缓解。要知道，当时治疗癌症唯一的方法就是手术，"科里毒素"的出现可算是一项革命性的发现。

不过，这个方法原理不清，而且有一定危险性，不太容易普及，所以一直没有获得广泛承认。到了20世纪40年代，科学家发明了化疗和放射性疗法。"科里毒素"在这两种新方法面前很快失去了竞争力，不久就被主流医学界抛弃了。

无论是化疗还是放射疗法，都会伤及正常细胞，而且一旦癌细胞扩散，两种方法都束手无策。于是，近年来又有人想起了科里在一个世纪前发明的"科里毒素"。有人做过统计，发现科里疗法的疗效与现代的化疗和放射疗法相差无几。但是，科里的方法似乎是动员了患者自身的免疫功能，看上去像是一个"治本"的好办法。因此，不少人重新开始研究"科里毒素"，试图找出此法的机理，然后改进"科里毒素"，动用人体自身的防御武器，消灭癌症这一困扰人类多年的顽疾。

（2007.9.10）